Interim Manager berichten aus der Praxis

Technischer Einkauf im Maschinen- und Anlagenbau

Autor: Manfred Richter

Reihe: Von Interim Managern lernen

Herausgeber: Dr. Harald Schönfeld, Jürgen Becker

Bei dem vorliegenden Buch „Technischer Einkauf im Maschinen- und Anlagenbau“ handelt es sich um einen auszugsweisen Sonderdruck aus dem Sammelband „Maschinen- und Anlagenbau – Interim Managern berichten aus der Praxis“ (ISBN 978-3-947818-75-4), an dem insgesamt zehn Autoren mitgewirkt haben (Manfred Richter, Dr. Harald Schönfeld, Jürgen Becker, Eckhart Hilgenstock, Peter Lüthi, Hans Rolf Niehues, Michael Weimar, Falk Janotta, Dr. Uwe Seidel, Götz Stapelfeldt).

In dem hier vorgelegten Auszug wird das Thema „Technischer Einkauf im Maschinen- und Anlagenbau“ in den Mittelpunkt gerückt, weil es sich dabei um einen besonders wichtigen Aspekt des Gesamtwerkes handelt.

Die Herausgeber der Reihe „Von Interim Managern lernen“ danken dem Fachbuchautor und Interim Manager Manfred Richter, dass er sein wertvolles Know-how auch über das Hauptwerk hinausgehend für das hier vorliegende Buch zur Verfügung gestellt hat.

Manfred Richter
Interim Manager und Consultant

Interim Manager berichten aus der Praxis

Technischer Einkauf im Maschinen- und Anlagenbau

Mit einem Vorwort von Hang Nguyen, Generalsekretärin Diplomatic Council, und einer Einführung von Dr. Harald Schönfeld und Jürgen Becker, Gründer und Geschäftsführer United Interim

Reihe „Von Interim Managern lernen“

Hrsg: Dr. Harald Schönfeld, Jürgen Becker

Diplomatic Council Publishing

1. Auflage 2022

Bibliografische Informationen der Deutschen Nationalbibliothek

Die Deutsche Nationalbibliothek verzeichnet diese Publikation in der Deutschen Nationalbibliografie; detaillierte bibliografische Daten sind im Internet über http://dnb.d-nb.de abrufbar.

Printed in the Federal Republic of Germany.

Gestaltung, Cover, Satz: IMS International Media Services, Wiesbaden

Gedruckt auf säurefreiem Papier.

Print ISBN: 978-3-98674-018-4

E-Book ISBN: 978-3-98674-019-1

Widmung

Dieses Werk habe ich meiner Tochter Julia gewidmet, aus Dankbarkeit für die Unterstützung und die Kraft, die sie mir in einer schweren Zeit gegeben hat. *Ich bin sehr stolz auf Dich!*

Manfred Richter

Inhalt

Vorwort

Es gibt keine anderen Führungskräfte als Interim Manager, die im Laufe ihres Berufslebens so viele Unternehmen und so viele verschiedene unternehmerische Herausforderungen kennenlernen. Daher wurde es höchste Zeit, eine eigene Buchreihe „Von Interim Managern lernen" aufzulegen, um dieses geballte Know-how zu bündeln und einer breiteren Fachöffentlichkeit zugänglich zu machen. Der Autor des hier vorliegenden Buches, Manfred Richter, steht beispielhaft und vorbildlich für dieses hochqualifizierte und vor allem praxisnahe Know-how von Interim Managern.

Das Diplomatic Council (DC), ein globaler Think Tank mit Beraterstatus bei den Vereinten Nationen (UNO), hat sich hierzu United Interim (UI), das führende Netzwerk qualifizierter Interim Manager im deutschsprachigen Raum, zum Partner gewählt. Die beiden Herausgeber der Buchreihe, Dr. Harald Schönfeld und Jürgen Becker, sind zugleich die Gründer und Geschäftsführer von United Interim; sie kennen daher dieses Marktsegment besser als irgendjemand anderes. Dieses Wissen gepaart mit einem langjährig entwickelten, vertrauensvollen und persönlichen Verhältnis zu praktisch allen qualifizierten Interim Managern von Relevanz im deutschsprachigen Raum gewährleistet, dass in der Buchreihe „Von Interim Managern lernen" tatsächlich nur die Besten der Besten zu Wort kommen.

Dieses geballte Know-how stellen wir einmal mehr im Band „Interim Manager berichten aus der Praxis: Maschinen- und Anlagenbau" zur Verfügung. Das ist kein Zufall – kaum ein anderer Industriesektor mit derart großer Bedeutung für unsere Volkswirtschaft befindet sich in einem so massiven Veränderungsprozess wie der Maschinen- und Anlagenbau.

Vor diesem Hintergrund erscheint das vorliegende Buch als Auszug aus dem Werk genau zum richtigen Zeitpunkt, um den Entscheidungsträgern in der Branche beim Thema „Technischer Einkauf im Maschinen- und Anlagenbau“ mit klugem und vor allem praxiserprobtem Rat zur Seite zu stehen. Noch besser: Wer über den Rat hinaus tatkräftige Unterstützung bei Strategie und/oder Umsetzung benötigt, kann den Verfasser des Buches direkt ansprechen. Das Profil inklusive Kontaktdaten befindet sich in der Sektion „Über die Autoren“ am Ende des Werkes. Denn Manfred Richter ist nicht in erster Linie Autor, sondern er ist vor allem Interim Manager, der eben nicht nur mit Rat, sondern insbesondere auch mit Tat zur Seite steht.

In diesem Sinne wünsche ich dem vorliegenden Band einen guten Start, möge die geneigte Leserschaft ein Maximum an Nutzen aus der Lektüre ziehen. Mein Dank gilt dem Interim Manager Manfred Richter, der sich die Zeit genommen hat und bereit ist, sein profundes Know-how in diesem Werk darzustellen, und natürlich den beiden Herausgebern; alle drei haben sich um die hohe Qualität verdient gemacht.

Hang Nguyen

Generalsekretärin Diplomatic Council

Von Interim Managern lernen

Einführung von Jürgen Becker und Dr. Harald Schönfeld, beide Gründer und Geschäftsführer der UnitedInterim GmbH

Es gibt wohl kaum eine Berufsgruppe, die mehr über die betriebliche Praxis weiß, als Interim Manager. Sie wissen viel besser Bescheid als die meisten fest angestellten Manager, weil sie im Laufe ihres Berufslebens viele verschiedene Unternehmen, unterschiedliche Situationen und Herausforderungen kennen lernen. Gerade in Zeiten, in denen sich viel verändert – wie jetzt in der Folge der Pandemiejahre mit all ihren Umwälzungen –, bieten die Erfahrungen und das Know-how von Interim Managern einen echten Schatz. Das gilt insbesondere für eine Branche wie den Maschinen- und Anlagenbau, die sich in einem starken Wandel befindet. Gerade die Lieferengpässe, die Digitalisierung und auch die Knappheit an Talenten gehören zu den wichtigsten Herausforderungen. Bei all dem sollen am Markt auch noch Kunden gewonnen werden, die Menschen intern zukunftsgerecht geführt und insgesamt gesehen natürlich auch noch Geld verdient werden.

Mit der Buchreihe „Von Interim Managern lernen" wird das Know-how von praxisorientierten Umsetzungsexperten gebündelt. Die sorgfältige Auswahl durch die Herausgeber stellt sicher, dass in dieser Reihe ausschließlich die „Besten der Besten" unter den Interim Managern mit Themen zu Wort kommen, die im Maschinen- und Anlagenbau brennen; aus jedem Fachgebiet und aus jeder fachlichen Perspektive immer nur einer. Beispielgebend hierfür steht Manfred Richter mit seinem Fachgebiet „Technischer Einkauf im Maschinen- und Anlagenbau". Alle Interim Manager vereint das Streben nach operativer

Exzellenz für ihre Kunden: Es geht um die zukunftsfähige Umsetzung und Durchsetzung von Veränderungen, eine in der Praxis auch wirklich funktionierende Gewinnung von Kunden, eine zeitgemäße Führung der Mitarbeiter, eine Steigerung der Performance und damit eine Verbesserung der Wertschöpfung des Unternehmens und natürlich eine erhöhte Rentabilität! All das sind Themen, für die Interim Manager engagiert werden.

Traditionell zählt der Maschinen- und Anlagenbau (in der Folge häufig nur als „Maschinenbau" bezeichnet), zu den stärksten Nachfragern der Leistung von Interim Managern. Siehe dazu auch die folgende Abbildung 1: An deren Entscheider richtet sich dieses Buch. Ebenfalls zählen aber auch Kapitalbeteiligungsgesellschaften, Investoren, Banken und an der Branche generell interessierte Leser zu den Adressaten.

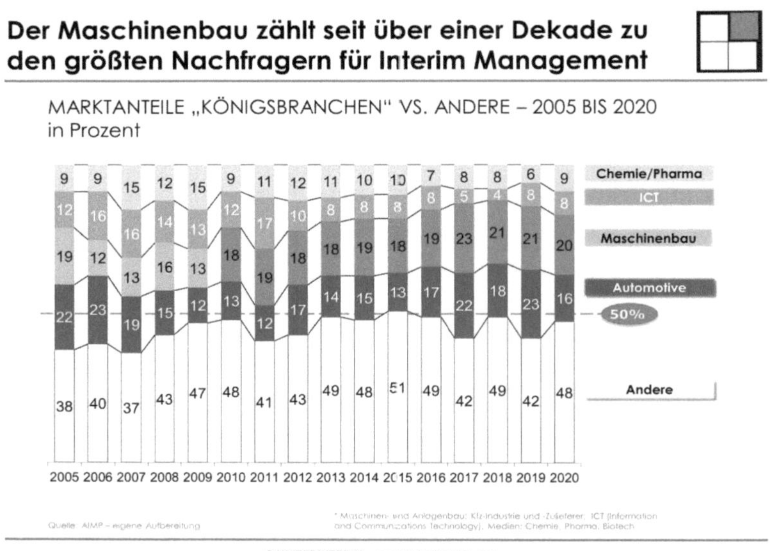

Abbildung 1: Marktanteile der Branchen. Quelle: AIMP (2021)

Interim Manager: Was ist das und worum geht es?

Interim Manager gibt es im deutschen Sprachraum seit über 40 Jahren. Andere Bezeichnungen sind „Manager auf Zeit" oder auch „Manager ad interim". Im süddeutschen und österreichischen Sprachraum findet sich manchmal auch ein „Fugen-s": Interimsmanager. Die Online-Ausgabe des Gabler Wirtschaftslexikons gibt folgende Definition (Interim Management, 2018):[1]

*Beim Interim Management arbeiten **selbstständig tätige** Interim Manager für einen **definierten Zeitraum** (üblicherweise 3-18 Monate) i.d.R. in unternehmerischer Verantwortung in einem Unternehmen in einer Führungsposition der ersten und zweiten Ebene. Interim Manager werden in unterschiedlichen Situationen und Aufgabengebieten eingesetzt, z.B. zur Überbrückung bei unvorhersehbaren Vakanzen beim Ausfall einer Führungskraft, zur Restrukturierung und Sanierung, im Projektmanagement, zur Einführung neuer Programme oder bei der Gründung, Übernahme oder Veräußerung von Unternehmen.*

Interim Manager gelten als Top-Segment innerhalb der Freelancer. In der DACH-Region (Deutschland, Österreich, Schweiz) arbeiten nach einer zusammenfassenden Studie (Xing, 2019) gut 1,5 Millionen Freelancer (Einzelunternehmer, Freiberufler). Nach dieser Untersuchung kann sich zusätzlich jeder zweite Angestellte vorstellen, als Freelancer zu arbeiten. Besonders stark ist das Interesse in der jüngeren Generation. Für die USA wird schon jetzt angenommen, dass im Jahre 2027 mehr als die Hälfte der Arbeitskräfte Freelancer sein werden. Für die DACH-Region kann aktuell nach einer Schätzung des AIMP (2021) von circa 15.000 Interim Managern ausgegangen werden.[2]

Die DDIM (Dachgesellschaft Deutsches Interim Management e.V.) ist der führende Wirtschafts- und Berufsverband für Interim Management in Deutschland und bezeichnet Interim Management zunächst als **eigenes Angebotssegment im Markt der Management Dienstleistungen**, welches sich von der Nachbarbranche der Unternehmensberatung in der Art des Services unterscheidet (DDIM 2020a):[3]

*„Während **Unternehmensberatungen** einen externen, unabhängigen Service bieten, bei dem die Entscheidungsbefugnis und -verantwortung beim Auftraggeber verbleiben, arbeiten Interim Manager in der Regel in unternehmerischer Verantwortung im Mandanten-Unternehmen. Für einen definierten Zeitraum werden sie zum integralen Bestandteil des internen Teams. Interim Manager arbeiten freiberuflich und auf eigenes Risiko. Sie werden in Führungspositionen der ersten und zweiten Ebene eingesetzt.“*

In der Praxis haben Interim Manager mit Beratern einige Überschneidungen. Der wesentliche Unterschied wird jedoch darin gesehen, dass Interim Manager ihren Fokus auf die operative Umsetzung oder Durchsetzung von Maßnahmen legen. Diese operativen Tätigkeiten können durchaus auf Empfehlungen aufsetzen, die vorher von einem Berater gegeben wurden – oder vom Interim Manager selbst, der vorher eine Analyse durchgeführt hat.

Eine weitere Abgrenzung ist die „nach unten“, nämlich zur **Zeitarbeit** bzw. zum **Personalleasing.** Die DDIM (2020a) spricht von *„substituierbaren Tätigkeiten im ausführenden Bereich (...). Die Arbeitskräfte sind zumeist Angestellte der Leasingfirma und werden dem Auftraggeber für einen befristeten Zeitraum überlassen.“*

Üblicherweise sind Interim Manager selbstständige bzw. freiberufliche Dienstleister. Sie bleiben dies auch während ihres Projekteinsatzes bei ihren Mandanten. Einige arbeiten firmenrechtlich auch unter dem Dach einer eigenen Gesellschaft (i.d.R. GmbH) oder einer Sozietät mit Kollegen. Die meisten Interim Manager verfügen über eine universitäre Ausbildung und langjährige Erfahrung in leitenden Positionen. Üblich sind – je nach Spezialisierung – eine ganze Reihe an Zusatzaus- und Weiterbildungen, insbesondere zu aktuellen Themen. Sobald die Aufgabe erledigt bzw. das Projekt beendet ist, verlassen die Interim Manager ihren Auftraggeber wieder und wenden sich einem neuen Kunden zu. Ein viel zitiertes Motto lautet: *„Wir kommen, um zu gehen!“*. Je nach Aufgabe dauern die Mandate wenige Monate bis zu zwei Jahren – der Durchschnitt liegt bei circa neun Monaten.

Die **Anfänge** des Interim-Business liegen ursprünglich im Sanierungs- und Restrukturierungsgeschäft. Die Idee vom Feuerwehrmann und harten Krisenmanager prägte über Jahre hinweg das Bild in der Presse und Öffentlichkeit. Seit die Branche und einzelne Kategorien durch Studien erfasst werden, blieben die Einsätze als Sanierer oder als Restrukturierer jedoch selbst in gesamtwirtschaftlichen Krisenphasen immer unter 20 Prozent (AIMP, 2021). Dies geht aus der nachfolgenden Abbildung 2 hervor – vor allem im Vergleich zu anderen Einsatzfeldern.

Sein größtes Volumen schöpft das Interim-Business seit Jahren aus der Überbrückung von offenen Stellen (Vakanz-Überbrückungen / Projekt-Vakanz), selbst wenn diese i.d.R. nur wenige Monate dauern: Ein Unternehmen holt einen Interim Manager an Bord, der das Tagesgeschäft absichert, bis der neue Mitarbeiter gefunden ist, gekündigt hat und anfangen kann. Neben der Führung des Tagesgeschäftes ist es üblich, dass ein

Interim Manager parallel ein bestehendes Problem oder eine Chance analysiert, dazu Lösungskonzepte entwickelt und mit hoher Umsetzungssicherheit auch realisiert. Dieses aus Unternehmenssicht smarte Vorgehen stand in seiner Hochzeit (2010/2011) für gut 40 Prozent des Geschäftes. Weil so etwas für die nachfragenden Unternehmen zweckmäßig und mit einem hohen Mehrwert verbunden ist, kann erwartet werden, dass **Vakanzüberbrückungen** auch in Zukunft einen nennenswerten Anteil am Interim-Business haben werden.

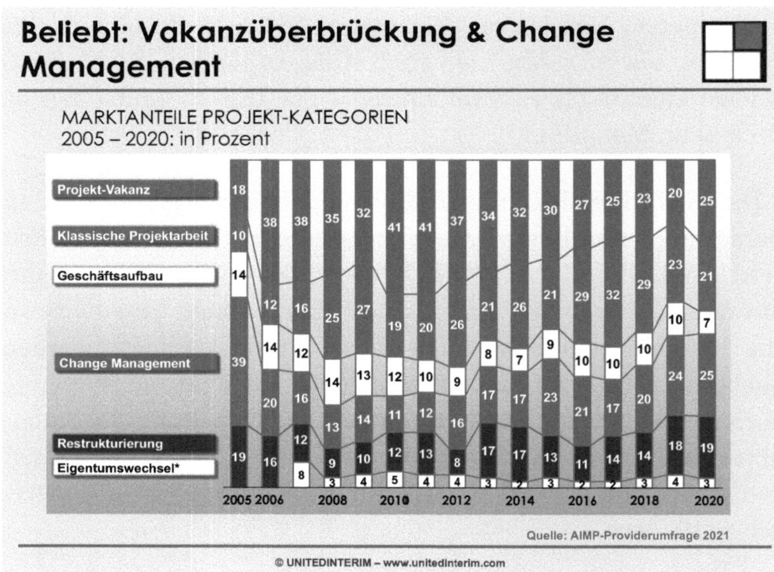

Abbildung 2: Einsatzfelder für Interim Manager. Quelle: AIMP (2021).

Wir gehen davon aus, dass die **klassische Projektarbeit** – einschließlich Themen im **Change-Management** – weiter einen hohen Stellenwert einnehmen wird. Allein deshalb, weil schlank aufgestellte Unternehmen kaum freie Kapazitäten haben, um diese Aufgaben aus eigenen Ressourcen abzudecken und weil eine zeitlich genau definierte Arbeit im Projekt in perfekter Weise mit dem Konzept des Interim Managements harmoniert. Das umfasst die zügige Umsetzung von **Transformationsvorhaben,** bei der ein passender Interim Manager neben „Kapazität“ auch noch das notwendige neue inhaltliche und methodische Wissen mitbringt.

Inzwischen sind Interim Manager in ihrer Gesamtheit weiblicher und wesentlich jünger geworden. Das Durchschnittsalter liegt bei Anfang Fünfzig. Einsteiger starten immer früher und sehen Interim Management als sinnvolle und selbstbestimmte Fortsetzung der bisherigen Angestellten-Karriere – nunmehr als Unternehmer in eigener Sache und mit eigenem Auftritt am Markt[4].

Die von Interim Managern bearbeiteten Themen und Projekte bestehen aktuell aus einer bunten Mischung aus allen Unternehmensbereichen: Vom Einkauf, der Entwicklung, über die Produktion, die Logistik, den Finanzbereich, HR und Unternehmensführung bis hin zum Business Development. Einige Interim Manager haben sich zudem auf Sonderthemen oder Sondersituationen spezialisiert.

Beispiele sind im Bereich der Umsetzung von Digitalisierungsvorhaben, der Internationalisierung oder rund um Mergers & Acquisitions (M&A) / Eigentumswechsel zu finden. Auch die Restrukturierung und Sanierung besteht weiterhin als etabliertes Marktsegment im Interim Management. Die vielen Projekte im Personalbereich – eine statistisch überwiegend weibliche Domäne – stehen als Beispiel für zunehmend mehr Frauen, die sehr erfolgreich als Interim Managerinnen tätig sind.

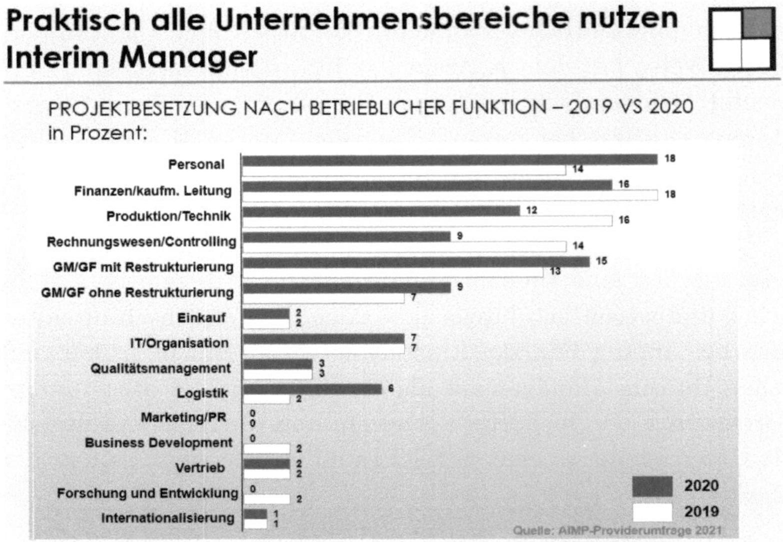

Abbildung 3: Projekte nach betrieblicher Funktion. AIMP (2021).

Neue Herausforderungen

Die Abkürzung „VUCA" hat schon vor Corona das Umfeld der Unternehmen – auch im Maschinen-und Anlagenbau – durch einen zunehmenden Grad an Veränderlichkeit (V), Unsicherheit (U), Komplexität (C) und Ambiguität (A) beschrieben. Eine „**VUCA-World**" lenkt den Blick auf zahlreiche aktuelle Herausforderungen, bei denen im Grunde „alles" passieren kann. Als Haupttreiber werden in der bisherigen Literatur und Diskussion die Digitalisierung und Globalisierung der Märkte angesehen. Auch eine Corona-Situation, bei der in völlig unerwarteter und extremer Weise auf den „Pause-Knopf" der Weltwirtschaft gedrückt wurde und die gleichzeitig als Brandbeschleuniger für Veränderungen diente, hatte keiner auf dem Zettel. Somit handelt es sich mit VUCA um ein brauchbares Erklärungskonzept für schnell wandelnde Wertschöpfungsketten unter folgenden Merkmalen:

- **Projekte:** Ein wichtiges Phänomen innerhalb der Unternehmen ist der Trend zum Projekt und zur Projektorganisation. Und da die Innovations- und Produktlebenszyklen immer kürzer werden, sind wichtige Aufgabenstellungen meist erst kurz vor ihrem Akutwerden erkennbar.

- **Flexibilität:** Die geringer werdende Planbarkeit steigert grundsätzlich die Nachfrage nach schnell und flexibel einsetzbaren „Ressourcen", vor allem personeller Art.

- **Wissen:** Der hohe Neuigkeitsgrad von all dem, was getan werden muss, erfordert eine schnelle Verfügbarkeit von aktuell notwendigem Know-how und erforderlichen Kompetenzen.

- **Dem Neuen zuwenden können**: Es wird zunehmend bedeutsam, nicht am Bisherigen festzuhängen, sondern loslassen und sich dem Neuen aktiv zuwenden zu können. Es liegt auf der Hand, dass eine fachlich ausgewiesen kompetente Person, die von außen kommt, emotional keine bindende Historie oder Verpflichtungen hat, keine Politik in Sachen eigener Interessen oder Karriere verfolgt und in der Regel eine ähnliche Aufgabenstellung schon einmal erfolgreich bewältigt hat, hohe Akzeptanz in der Umsetzung erfährt. Sie stellt eine große Unterstützung im Unternehmen in sachlicher und emotionaler Hinsicht dar.

Für Unternehmen wird es immer wichtiger, kompetent mit diesen Veränderungen umgehen zu können. Es gilt, Bewährtes und durchaus bisher Erfolgreiches bewusst zu beenden und Neues zu wagen. Damit geht die Anforderung einher, neugierig zu sein, neu zu denken, zu lernen (nie auszulernen) und auszuprobieren; auch gegen innere Zweifel und äußere Widerstände. Das Ganze hat neben dem Fachlichen auch eine emotionale Ebene und viel mit Werten zu tun. Und alles muss schnell gehen. Menschen, die diesen Wandel (auch als „Change“ oder „Transformation“ bezeichnet) gestalten und zielgerichtet treiben können, sind somit zunehmend notwendig.

Die punktgenaue Nutzung aller Personal- und Managementressourcen ist dabei ein wesentlicher Erfolgsfaktor.

Wachstumsmotor in der DACH-Region mit Fähigkeit zur Veränderung

Der Maschinenbau gilt als eine der wichtigsten Branchen in der deutschen Volkswirtschaft, aber auch in der Schweiz und in Österreich. Wie später in diesem Buch im Beitrag von Eckhart Hilgenstock dargelegt, entwickeln sich – basierend auf dem Mitte 2021 veröffentlichen Report „Maschinenbau 2030“ der Wirtschaftsprüfungsgesellschaft Deloitte (Deloitte 2021) – vier Zukunftsszenarien. So könnten in weniger als einem Jahrzehnt „kundenspezifische Neumaschinen und radikale Service-Geschäftsmodelle aus der DACH-Region den weltweiten Maschinenbau beherrschen“. Aber es könnte auch durchaus passieren, dass „milliardenschwere Tech-Unternehmen aus der Software- und Internet-Industrie Schlüsselpositionen im Maschinenmarkt erobern“. In diesem Fall könnten diese für den Großteil der Wertschöpfung zuständig sein – während gleichzeitig hochtransparente Einkaufs- und Service-Plattformen das Ersatzteilgeschäft übernehmen.

Es besteht also ein großer Möglichkeitsraum für Veränderungen! Im Detail könnten diese vier Szenarien dem Maschinen-

und Anlagenbau in der DACH-Region bis 2030 widerfahren (Deloitte 2021):

Im **ersten Szenario** sind die Maschinenbauer mit ihrem bisherigen Konzept weiterhin erfolgreich. Sie verfügen über direkten Kundenzugang und produzieren wie bisher hochspezialisierte Maschinen. Ihre internationale Führungsposition hängt aber an einem seidenen Faden: Branchenfremde Tech-Giganten und Wettbewerber aus China drängen mit konkurrierenden Geschäftsmodellen auf den Markt.

Im **zweiten Szenario** ist es den Maschinenbauern gelungen, die digitale Transformation erfolgreich umzusetzen. Spezialmaschinen wurden von modularen Standardmaschinen abgelöst, die durch individualisierbare Software-Lösungen einen neuen Kundennutzen bieten. Die Daten- und Software-Hoheit haben in diesem Szenario die Maschinenbauer selbst inne – und nicht die Tech-Unternehmen aus Übersee. Digitale Services sichern die wirtschaftliche Handlungsfähigkeit der Unternehmen und den gesellschaftlichen Wohlstand in der DACH-Region. Aber auch in diesem Falle muss die Branche hellwach bleiben, weil die Konkurrenz keinesfalls schläft.

Das **dritte Szenario** beschreibt einen Siegeszug der Tech-Unternehmen über die Maschinenbauer: Die größte Wertschöpfung wird wie im zweiten Szenario durch digitale Service-Lösungen erzielt. Diese kommen jedoch von den branchenfremden Softwareanbietern. Der Maschinenbau wird zum reinen Zulieferer. Es besteht kein direkter Zugang mehr zu Kunden- und Maschinendaten und die Maschinenbauunternehmen müssen sich Wettbewerbern aus ganz neuen Regionen stellen, zum Beispiel aus China. Die digitalen Wachstumsmärkte bleiben ihnen verschlossen.

Das **vierte Szenario** besteht aus einem Hybrid aus den drei vorangegangenen Szenarien: Die Maschinenbauer und Tech-Anbieter bilden Ökosysteme, die zunehmend von der Tech-Seite dominiert sind. Spezialmaschinen sind zwar weiterhin gefragt, die digitalen Plattformen kommen allerdings von den Tech-Anbietern, wo die Maschinen- und Kundendaten liegen. Der Maschinenbau hat einen deutlich geringen Anteil an der Wertschöpfung.

Als Fazit wird die Einschätzung gegeben, dass der Maschinenbau auch im Jahr 2030 der Wachstumsmotor für die DACH-Region sein wird. Es wird jedoch weiterhin vieler Anstrengungen und einer noch stärkeren Bereitschaft zur Veränderung und Zusammenarbeit bedürfen.

All diese Szenarien implizieren massive Auswirkungen auf die Geschäftsmodelle, die damit verbundene Strategie, die Organisationstrukturen und -prozesse sowie die Mitarbeiter; ebenfalls auf die begleitenden Finanzprozesse und die Compliance.

Nicht zu unterschätzen sind die Einflüsse auf die Wertebene und damit auf die Unternehmenskultur. Und weil wir in diesem Buch über Manager sprechen, dann ändert sich gerade das Berufsbild dieser Führungskräfte und der dafür notwendigen Qualifikation.

Transformationen parallel zum Tagesgeschäft

Die Herausforderung – gerade in mittelständisch geprägten Strukturen – besteht darin, dass all die angesprochenen neuen Themen auch noch neben dem normalen Tagesgeschäft bewältigt werden müssen. Dieses stellt für viele Unternehmen und Führungskräfte aber ohnehin schon eine hohe Belastung dar.

Die Managementkapazitäten sind meist „auch schon so“ komplett ausgereizt.

Wenn in Unternehmen nun solche Transformationsvorhaben anstehen, helfen Interim Manager bei der schnellen und fachkundigen Umsetzung. Interim Manager entlasten und sorgen für Fokus auf das Thema. Interim Manager sind Experten für die **Umsetzung und Durchsetzung**.

Sie können in diesem Wandel unterstützend zur Seite stehen und zusätzliche Managementkapazitäten und erforderliches Know-how schnell und professionell liefern. Ihr Einsatz ist flexibel und meist kurzfristig möglich.

Unternehmen kaufen sich damit nicht nur zusätzliche Management-Ressourcen ein. Sie können sofort das notwendige, neue Know-how einsetzen, welches sie intern gar nicht so schnell aufbauen können. In den meisten Fällen kann ein Interim Manager sein Wissen auch ans Team weitergeben und dafür sorgen, dass es auch wirklich in der Praxis klappt. Gutes Interim Management beinhaltet also auch noch einen ganz pragmatischen **Know-how-Transfer on the job.**

Ganz zentral ist nach den Erfahrungen der Corona-Zeiten in den Jahren 2020 und 2021 jedoch, dass Unternehmen neben Geschwindigkeit auch noch **Sicherheit in der Umsetzung** erhalten. Warum ist das so?

Für die Umsetzung von schnellen Transformationsprozessen braucht es andere Management-Kompetenzen als für ein Tagesgeschäft, welches durch die Beherrschung von Routineprozessen gekennzeichnet ist.

Management des Tagesgeschäfts	Führung durch Veränderungssituationen
Stabiles Managen	Flexibles Gestalten
Fokus auf Prozesse	Fokus auf Personen
Formale Entscheidungen	Informelle Entscheidungen
Tiefgehende Problemanalyse	Rasche Problemanalyse
Meistens ausreichende Ressourcen	Ressourcen oft knapp bemessen
Fixe Verantwortlichkeiten	Flexible Verantwortlichkeiten
Erprobte Entscheidungsfindung	Kreative Problemlösung
Bewährte Schemata	Neue Wege
Effizienz	Effektivität
Starre Strukturen und Rahmenbedingungen	Flexible Strukturen, Rahmenbedingungen ergeben sich im Laufe der Maßnahmen
Viele Informationen	Wenig Informationen

Abbildung 4: Kompetenzen für Transformationsvorhaben. (Lettmann, 2020)

Wenn die Märkte jetzt nicht mehr nur ein „schnell", sondern ein „sofort" einfordern, wird die Fähigkeit sich zu wandeln und „schnell machen" zu können, zum strategischen Erfolgsfaktor. Es liegt auf der Hand, dass professionelle Interim Manager dazu einen wesentlichen Beitrag leisten können, der sich im Sinne eines Mehrwertes in vielfacher Weise als sinnvolle Investition rechnet.

Vorteile und Mehrwerte von Interim Managern

Die aktuell im Markt gesehenen **Kundenvorteile durch Interim Manager** fasst die DDIM so zusammen (DDIM, 2020b):[5]

„Als Hauptgründe für den Einsatz von Interim Managern werden der akute Mangel an qualifizierten Managementkapazitäten, Ressourcenengpässe, steigende Flexibilitätsanforderungen an die Unternehmen sowie kurzfristige Vakanzen gesehen. Interim Manager fangen Management-Engpässe auf, bringen ein

Plus an Unabhängigkeit und verschaffen Unternehmen durch Flexibilität, Know-how und zusätzliche Ressourcen messbare Wettbewerbsvorteile."

In unserer inzwischen fast 20-jährigen Praxis im Interim Management haben wir beobachtet, wie durch Interim Manager ein ganzes Bündel an Mehrwerten für Unternehmen entstehen. Natürlich wird dabei vorausgesetzt, dass das Unternehmen eine sorgfältige Auswahl trifft und sich für einen passenden Interim Manager entscheidet:

- **Geschwindigkeit**: Bestehende Vorerfahrungen und aktuelle Kompetenzen vorausgesetzt, kann davon ausgegangen werden, dass ein Interim Manager nur eine sehr kurze Einarbeitungszeit, bzw. „ramp-up-time", braucht. Die klassischen 100 Tage eines Festangestellten schrumpfen i.d.R. auf ein bis zwei Wochen. Mit Hilfe guter Führung und moderner, professioneller Methoden- und Prozesskompetenz werden Ziele schnell erreicht.

- **Sicherheit:** Umsetzungssicherheit, Methodenkompetenz, aktuelle Skills und Know-how sowie Erfahrung aus ähnlichen Aufgabenstellungen (unter anderem belegt durch Referenzschreiben oder Case Studies) sorgen für eine hohe Erfolgswahrscheinlichkeit.

- **Akzeptanz und Nachhaltigkeit der Lösung**: Interim Manager sind darauf spezialisiert, in besonderen und unerwarteten Situationen eingesetzt zu werden. Ihre Kunden profitierten von einer neutralen und objektiven Sichtweise. Bei allen anstehenden Änderungen verfolgen Interim Manager keine eigenen (Karriere-) Interessen. Es geht nur um die Sache. Dies befähigt sie sehr rasch, Akzeptanz zu gewinnen und in der Folge gemeinsam mit allen Beteiligten

Lösungsansätze zu entwickeln und nachhaltig durch- und umzusetzen.

- **Rendite:** Mit dem Einsatz eines Interim Managers geht i.d.R. eine höhere Erfolgswahrscheinlichkeit und kürzere Projektdauer einher. Die gewünschten Ziele entfalten ihre positiven Auswirkungen schneller. All das realisiert für das Unternehmen eine attraktive Rendite der Investition in einen Interim Manager.

Die einzelnen Beiträge des Sammelbandes bündeln zusammengenommen ein geballtes Know-how zu den unterschiedlichen Herausforderungen, Aufgaben und Erfahrungen professioneller Interim Manager in der Praxis des Maschinen- und Anlagebaus national und international. Auch wenn wir mit allen Autoren schon seit Jahren persönlich-professionell bekannt sind und ihre berufliche Entwicklung als Interim Manager verfolgen konnten, haben wir bei der Durchsicht und Diskussion viel gelernt! Dafür danken wir.

Dem Diplomatic Council (DC) sind wir seit einigen Jahren freundschaftlich und aktiv verbunden. Wir engagieren uns gerne in diesem globalen Think Tank, Business Network und Charity Foundation mit Beraterstatus bei den Vereinten Nationen. Auf diese Weise können gemeinsam mit allen nationalen und internationalen Mitgliedern Synergien gehoben werden, wie es sonst kaum möglich wäre.

Literaturverzeichnis zu diesem Beitrag

AIMP (2021). AIMP-Arbeitskreis Interim Management Provider. AIMP-Providerumfrage 2021: https://www.aimp.de/aimp-umfragen/aktuelle-aimp-umfragen

Becker/Schönfeld/Singer (2020): Karriere-Handbuch für Interim Manager. Erfolg als Freelancer im Management, BoD-Verlag, Norderstedt, ISBN: 978-3-7519-8416-4, 330 Seiten

DDIM (2020a). Branchenprofil. https://www.ddim.de/interim-management/fuer-unternehmen/branchenprofil/

DDIM (2020b). Kundenvorteile. Website DDIM: https://www.ddim.de/interim-management/fuer-unternehmen/kundenvorteile/

Interim Management (2018). Gabler Wirtschaftslexikon – Online Lexikon: https://wirtschaftslexikon.gabler.de/definition/interim-management-52714/version-275829

Lettmann (2020). Siegfried Lettmann: Wissen Interim Management. Welchen Mehrwert hat ein Interim Manager für Ihr Unternehmen? Website butterfly-manager GmbH: https://www.butterflymanager.com/mehr-als-15-jahre-butterflymanager/welchen-mehrwert-hat-ein-interim-manager-fuer-ihr-unternehmen/

Xing (2019). Hallo! Das ist HalloFreelancer. Hallo Freelancer – Ein Service von Xing. https://www.hallofreelancer.com/

Technischer Einkauf

Manfred Richter, Interim Manager und Consultant

Abstrakt

Ein technischer Einkauf ist verantwortlich für den Einkauf und die Lieferantenbasis für zeichnungsgebundene Teile und Komponenten bis hin zu Maschinen und Anlagen, die in Lasten- und Pflichtenheften spezifiziert sind.

Dieser Beitrag wendet sich branchenübergreifend an Geschäftsführer und Führungskräfte, die für den technischen Einkauf verantwortlich sind oder mit diesem zusammenarbeiten.

Darüber hinaus richtet sich dieser Beitrag an technische Einkäufer und deren Kollegen in allen Unternehmensbereichen – als Denkanstoß zur eigenen Standortbestimmung. Ich möchte Impulse geben, damit Projektteams ihre Zusammenarbeit reflektieren, Teammitglieder selbst etwas an ihrem Verhalten verändern und Vorschläge zu Veränderungen und Verbesserungen auf Prozessebene machen können.

Einleitung

Dies ist kein Bericht aus nur einem meiner Projekte, sondern hier gehen meine Erfahrungen aus vier Festanstellungen und sieben Interim-Projekten ein.

Ich habe bei meinem Berufsstart zunächst als Entwicklungsingenieur und Projektleiter in der Automatisierungstechnik gearbeitet. Nach fünf „technischen“ Berufsjahren bin ich gezielt in den technischen Einkauf versetzt worden, um die Bereiche Entwicklung und Einkauf zu vernetzen. Zusammen mit weiteren Querversetzungen wurden verkrustete Strukturen aufgebrochen und nach relativ kurzer Zeit hatten wir eine völlig neue, wesentlich produktivere Zusammenarbeit. Das hat mich nachhaltig geprägt.

Zwischenzeitlich ist der technische Einkauf meist eine gut anerkannte und vernetzte Funktion in den Unternehmen, und es gibt immer eine bereichsübergreifende Zusammenarbeit. Aber in welcher Qualität und auch auf Augenhöhe?

Sind Entwickler, technische Einkäufer, Produktion, Qualitätswesen, Logistik und Vertrieb ein echtes Projektteam? Ist der Einkauf ein eingebundener Teil im Produktentstehungsprozess (PEP)? Betrachtet das Unternehmen die Lieferantenbasis als strategischen Wettbewerbsfaktor und die „Systemlieferanten“ als Partner?

Warum der Einkauf so oft „unter Druck“ und in der Kritik ist

Alle Einkaufsorganisationen, in denen ich bisher tätig war, hatten „Druck“. Die Themen waren unterschiedlich oder eine Kombination aus:

- Preise sind immer zu hoch und sollen gesenkt werden;
- noch vor dem Preis kommt die Qualität, 0-Fehler-Anlieferqualität ist gefordert;

- Verfügbarkeit, Fehlteile darf es nicht geben; Logistikmodelle sind gefordert;
- Lagerbestände, sind immer zu hoch und sollen gesenkt werden.

Dieses Spannungsfeld gibt es prinzipiell. Speziell bei neuen Projekten oder der Entwicklung von neuen Produkten gibt es fast immer eine mehr oder weniger große Unzufriedenheit mit dem Einkauf. Aber warum ist das so?

Es fängt zu Beginn eines Projekts an: Die Entwicklungszeit für ein neues Produkt oder Projekt und weiter die Zeit bis zur zugesagten Lieferung an den Kunden ist meist von Anfang an sehr kurz. Außerdem wünscht der Kunde oft noch Änderungen, der Auslieferungstermin bleibt aber gleich. Das heißt, ein Design Freeze kommt zu spät, oder es wird dann doch noch weiter geändert: vom Kunden oder auch von den eigenen Entwicklungsmitarbeitern. Das sind Sachzwänge und Herausforderungen, um die ein Unternehmen nicht herumkommt, wenn es Aufträge bekommen will.

Bei Neuentwicklungen und im Projekteinkauf verbleibt dem Einkauf und den Lieferanten die Zeitspanne von freigegebener Zeichnung bzw. Stückliste bis zum Start of Production, um die benötigten Teile zu beschaffen. Als Ergebnis wird die Materialversorgung oft zeitlich extrem eng und der Einkauf und die Lieferanten müssen improvisieren und zu Sondermaßnahmen greifen. Viele Zukauf-Teile müssen nun zeit- und kostenaufwändig „belaufen“ werden.

Aus Zeitgründen werden Freigabemuster (hergestellt unter Serienbedingungen) und die ersten Serienteile für die Produktion zum selben frühestmöglichen Zeitpunkt bestellt. Normalerweise sollten die Serienteile erst nach der Freigabe der Freigabemuster bestellt werden. Dann sind Qualität, Verwendbarkeit in der eigenen Applikation und damit auch der Einkaufs-Preis überprüft und sichergestellt.

Bei der gleichzeitigen Bestellung von Freigabemustern und dem ersten Serienlos, zwangsläufig dann ohne bereits erteilte Freigabe, gibt es ein Restrisiko zur Verwendbarkeit der Serienteile. Dieses Risiko geht das gesamte Projektteam ein. Wenn es anschließend Qualitätsprobleme gibt und nachgearbeitet werden muss, sind immer der Lieferant und der Einkäufer unter Zeitdruck und werden zum Dank dafür oft als „Verursacher" von Zeitverzögerungen gesehen.

Hinzu kommt, dass nach meiner Erfahrung in ca. der Hälfte der Fälle der Lieferant kein (alleiniges) Verschulden hat, weil sich zum Beispiel herausstellt, dass Toleranzen nicht angegeben waren oder geändert werden mussten. Das heißt, der Lieferant hat oft nach Spezifikation und damit in der definierten Qualität geliefert. Und wie wird das meist kommuniziert, was geht durch das Haus? Der Lieferant 0816 hat „wieder einmal" nicht verwendbare Teile geliefert. Ich nehme an, Sie erkennen die Situation wieder? Wenn es in Ihren Projektteams tatsächlich besser läuft: Gratuliere!

Nun stellen Sie sich vor, so oder so ähnlich wie beschrieben läuft es jahrelang. Dann ist es kein Wunder, wenn Geschäftsführer und Führungskräfte im Unternehmen den Einkauf für „schlecht aufgestellt" halten. Oft sind sich mehrere Führungskräfte dabei einig, jeweils aus ihrem Blickwinkel. Klassisch ist, dass es beim Neuanlauf mehr oder weniger Fehlteile gibt, Zielpreise nicht erreicht werden und zu allem Überfluss auch noch Qualitätsprobleme „der Lieferanten" hinzukommen.

Originalzitat eines Geschäftsführers: „Das kann doch so nicht sein, da stimmt was nicht im Einkauf. Da müssen wir mal Druck auf den Kessel geben."

Bei Qualitätsproblemen reflexartig: „Den Lieferanten schmeißen wir raus."

So schwarz/weiß sieht man es nicht überall, oft aber ansatzweise. Ich habe es leider erleben müssen, dass gute Einkaufsleiter und Einkäufer aufgrund des beschriebenen Spannungsfeldes nach und nach immer mehr in das Schussfeld geraten sind und schließlich „ausgetauscht" wurden. Andere sind aufgrund des toxischen Umfelds lieber rechtzeitig von selbst gegangen. Das hat man meist sogar begrüßt, weil es dann „nur besser werden konnte mit dem Einkauf".

Es wurde nur selten durch neue Mitarbeiter nachhaltig besser. Und wenn, dann dadurch, dass die neuen Mitarbeiter veränderte Prozesse und ein verändertes Verhalten eingefordert haben, und sich damit durchsetzen konnten.

An dieser Stelle ein Tipp für Einkäufer oder Einkaufsleiter, die neu in einem Unternehmen starten: Die ersten Tage nicht zu forsch sein, erstmal schauen, wie die Firma, der Einkauf und die Schnittstellen ticken. Viele Fragen stellen, aber sich noch mit Einschätzungen und schnellen Aktionen zurückhalten. Nach einem, spätestens zwei Monaten können Sie sich dann positionieren und Veränderungen von Prozessen diskutieren, anstoßen oder einfordern.

Es erscheint sicherer, bis zum Ende der Probezeit zu warten. Aber dann ist es oft schon zu spät und es besteht die Gefahr, dass Sie bereits in dieselbe Tretmühle geraten sind wie zum Beispiel Ihr Vorgänger. Es wird dann immer schwieriger, verkrustete Strukturen aufzubrechen. Sie müssen also die Zeit nutzen und sich profilieren: aber nicht sich wichtigmachen, sondern im positiven Sinn ein eigenes Profil bekommen und Ihre Rolle und Standpunkte definieren und leben.

Für die Chefs der Einkäufer oder Einkaufsleiter: Reden Sie bitte mit Ihren neuen Mitarbeitern und unterstützen Sie diese im obigen Sinne. Erfahrene Interim Manager brauchen für den Start bis zur Positionierung und einem ersten Aktionsplan, der oft mit der Geschäftsführung abgestimmt wird, ca. zehn Einsatztage, also zwei Wochen.

Meilensteinverfolgung bringt Transparenz

Ich empfehle dringend eine im Projektteam abgestimmte Meilensteinplanung, um Transparenz zu schaffen. Bei der Meilensteinverfolgung wird deutlich, welche vereinbarten Meilensteine warum nicht eingehalten werden konnten. Daraus lernt das Unternehmen nach und nach, welche Zeiträume für welche Aufgaben realistisch einzuplanen sind. Außerdem muss natürlich die Summe aller Aufträge und aller Meilensteinplanungen kapazitätsmäßig zu schaffen sein.

Durch eine Meilensteinverfolgung kann außerdem fundierter mit dem Kunden diskutiert werden: Ist absehbar, dass ein vereinbarter Design Freeze vom Kunden nicht eingehalten werden kann, so kann man im Vorfeld die Auswirkungen auf Termin und Preis besprechen. Möglicherweise verändert sich dadurch das Verhalten des Kunden, und er bringt weniger und besser abgestimmte Änderungen ein.

Das Beispiel vom Staffellauf gefällt mir gut: Wenn es vier Staffelläufer gibt, die alle schnell sind, dann ist der letzte Läufer entscheidend. Er läuft in das Ziel, ist aber auf die anderen Läufer angewiesen und kann nicht alles retten, was vorher an Zeit uneinholbar verlorengegangen ist. Was würden Sie von einem Staffelläufer halten, der das Staffelholz nicht ordentlich übergibt, sondern es kurz vor oder im Wechselraum auf die Bahn wirft?

Damit meine ich sinngemäß, dass zum Meilensteintermin „eigentlich" alles fertig ist, aber zum Beispiel Zeichnungen noch nicht freigegeben sind, Stücklisten noch nicht aktualisiert sind, Daten in SAP noch nicht gepflegt sind, und damit der Meilenstein noch nicht erreicht ist.

Sie kennen die 80:20-Regel: 80 Prozent sind relativ schnell erreicht, die letzten 20 Prozent ziehen sich fürchterlich hin und kosten richtig Zeit und Geld. Da ist es praktisch, wenn man einen Meilenstein fertigmelden kann, und dann noch nacharbeitet. Bitte immer daran denken, die Zeit fehlt dem nächsten Projektteam-Mitglied. Das bekommen Einkauf und danach die Produktion zu spüren. Dort zählen nur noch hard facts: Ist Material da oder nicht? Wurde produziert und kann geliefert werden oder nicht?

Zurück zum Staffellauf: Nun kommt noch der Kunde mit zusätzlichen Anforderungen oder Änderungswünschen ins Spiel. Der ändert „mal so eben" die Streckenlängen der Läufer! Der Entwicklungsläufer muss eine zusätzliche Runde drehen. Da kann er sogar richtig gut und sehr schnell sein, die Strecke wird trotzdem länger. Der Einkaufsläufer läuft später los und hat auch eine zusätzliche Strecke zu laufen. Die erwartete Zielzeit bleibt gleich: sprich der Lieferzeitpunkt bei Anlagen oder der Start of Production bei seriennahen Produkten.

Der Vorteil im Projektteam gegenüber dem Beispiel Staffellauf ist, dass im Projektteam viel parallel gearbeitet werden kann und das Projektteam jeden Läufer „bei seinem Lauf" aktiv unterstützen kann. Dazu müssen aber jeweils die persönliche Einstellung der Projektteammitglieder und darüber hinaus die Firmenkultur passen. In vielen Jahren habe ich die volle Bandbreite des Möglichen erlebt:

Lange her: Eine ernst gemeinte Diskussion über Bring- und Holschuld. Die Entwicklung sei doch nicht der Dienstleister des Einkaufs und habe keine Bringschuld. Der Einkauf müsse sich holen, was er für seine Aufgabe brauche. Und bekomme dann alles Benötigte, was er aber dann bitte selbst in SAP einzupflegen hätte. Das sei nicht die Aufgabe eines Entwicklers. Der Einkauf hatte im Projekt den Status „Supportfunktion". Das hat mich zu dem Beispiel Staffellauf inspiriert. Dort käme niemand auf die Idee, so eine Diskussion anzustoßen.

Im übrigen gefällt es mir überhaupt nicht, eine Teammitgliedsfunktion (egal welche) als Supportfunktion zu bezeichnen. Das impliziert, dass es Hauptfunktionen und Supportfunktionen gibt. Letztere werden untergeordnet oder nachgeordnet betrachtet und behandelt. So funktioniert kein echtes Team, das kann nie eine vernetzte Zusammenarbeit auf Augenhöhe geben.

Ich habe auch Teams erlebt, in denen sich wirklich jedes Teammitglied für das gesamte Projekt verantwortlich gefühlt, mitgedacht und aus eigenem Antrieb mitgeholfen hat. Das ist eine Frage der inneren Einstellung und letztendlich auch der Firmenkultur.

Ganz entscheidend ist dabei die Funktion des Projektleiters, der eine Vorbildfunktion hat, das Projektteam führt und moderiert und für die Meilensteindefinition und die Projektberichterstattung verantwortlich ist.

Heute gibt es meist Projektmanagement-Offices (PMO), die eigenständig organisiert sind und im günstigsten Fall direkt an die Geschäftsführung berichten. Dies ist eine gute Grundlage für einheitliche Projektmanagement-Tools und „neutrale“ Berichterstattungen.

Eins ist mir wichtig klarzustellen: Es wird immer aus den unterschiedlichsten Gründen Zielkonflikte, Fehlteile und Zeitdruck in Projekten geben. In angemessenen Maße muss das Projektteam mitsamt Einkäufer „da durch“, und es müssen geschickte Problemlösungen gesucht und gefunden werden. Wer das nicht kann oder nicht will, ist falsch im technischen Einkauf. Trouble Shooting wird immer ein Teil der Arbeit sein.

Folgendes Beispiel ist sicherlich hilfreich für eine Lageeinschätzung:

- Es „brennt“ in den Projekten.
- Eine gute Feuerwehr ist zu diesem Zeitpunkt Gold wert. Die Ursachen für die Brände spielen in dieser Situation überhaupt keine Rolle, es muss sofort effizient gelöscht werden, der Schaden muss begrenzt werden.
- Auf Dauer muss die Feuerwehr geschult, besser ausgerüstet, erweitert oder sogar ausgetauscht werden, und es müssen systematische Gründe für die Brände gefunden und abgestellt werden.

Bereichsübergreifende Zusammenarbeit

Schlüssel für gute Preise

Einiges zum Thema bereichsübergreifende Zusammenarbeit habe ich bereits beschrieben. Das Thema ist mir so wichtig, dass es ein eigenes Kapitel mit weiteren Blickwinkeln erhält.

Der technische Einkauf hat nicht „nur" die Aufgabe, Teile in einer definierten Qualität pünktlich zu beschaffen. Ein ganz wesentlicher Punkt sind Einkaufspreise, die für den Geschäftserfolg einer Firma äußerst wichtig sind. Dazu muss der technische Einkauf früh in den Produkt-Entstehungs-Prozess eingebunden sein. Die Entwicklung bestimmt bei komplexen Artikeln mit dem technischen Design, Materialvorgaben, der Auslegung und den Toleranzen letztendlich den Einkaufspreis. Es bringt viel, bereits während der Entwicklung mit Lieferanten die entstehenden Spezifikationen zu diskutieren. Dann erhält das Projekt Feedback des oder der Lieferanten über Machbarkeit und Kosten bereits in der Entwicklungsphase. Ein Design to Cost ist möglich.

Das geht allerdings nur im Rahmen einer bereichsübergreifenden Zusammenarbeit, die mindestens einen Lieferanten umfasst. Das Thema setzt sich fort, wenn Artikel sowohl fremd- als auch eigengefertigt werden können. Nun kommt der Bereich Produktion mit ins Boot, es steht eine make-or-buy-Entscheidung an. Einkaufs-Preise hängen außerdem von Fertigungslosgrößen, Anlieferlosgrößen und Jahresstückzahlen ab. Dazu werden Vertrieb und Logistik benötigt. Bei Qualität, Verfügbarkeit und Einkaufspreis findet sich ein Optimum nur in einer guten bereichsübergreifenden Zusammenarbeit.

Ich habe einmal sogar massive Diskussionen zu einem optischen Design eines Metallgussteils gehabt. Es war ein wirklich sehr formschönes Design, das auch einen echten Wettbewerbsvorteil geboten hat. Außerdem waren für den Designer und auch für den Kunden „red dot design awards" sehr wichtig. Das Problem war indes, dass dieses Design nicht prozesssicher zu fertigen war. Das war dem (externen) Designer zunächst egal. Das bekannte Thema: Der Einkauf soll einkaufen, den richtigen Lieferanten finden und fertig. Wo kommen wir denn hin, wenn der Einkauf jetzt auch noch beim optischen Design mitreden will?

Für Fachleute: Die sich aus dem optischen Design ergebenden Wandstärken und Biegungen des Gussteils waren das Problem. Gefordert war eine hohe Zugfestigkeit, das Teil war dafür sehr schmal. In einer Biegung konnten sich Lunker (kleine Luftblasen) bilden, dann ist das Teil bei Belastung gebrochen. Ich habe versucht klarzustellen, dass ein Industriedesign etwas anderes ist als ein „Kunstdesign". Beim Kunstdesign müssen keine technischen Vorgaben prozesssicher erreicht werden und dort geht es auch nicht um sicherheitsrelevante Aspekte.

Entwicklungswettbewerbe mit Lieferanten

Das ist eine ganz besondere Disziplin: Die Eigenschaften eines Produktes werden in einem Lastenheft beschrieben und Lieferanten bieten dazu eigene Ideen und Produkte an. Diese kommen zu einem Teil aus der Entwicklung und Fertigung der Lieferanten, wo das prinzipielle Know-how für das Produkt meist bereits vorhanden ist und auf Grundlage bestehender Produkt-Plattformen mit relativ kleinen Änderungen realisiert werden kann.

Ein Beispiel: Es ging um eine komplexe Neuentwicklung versus einer vielleicht möglichen Lösung mit dem Einsatz eines existierenden Magnetventils. Beides erschien aussichtslos. Die komplexe Neuentwicklung würde technisch funktionieren, aber der Zeitrahmen und der Zielpreis waren aus Projektsicht nicht zu erreichen. Die Lösung mit einem existierenden Magnetventil war vom Prinzip her bestechend einfach und preiswert. Aber es war nicht sicher, ob die Funktion gemäß Lastenheft erfüllt werden konnte und es gab Probleme mit der Elektronik: zwar machbar, aber durch hohe Temperatur wurden teure Elektronikbausteine erforderlich.

Beide Lieferanten entwickelten parallel an ihren Konzepten. Für die eigene Entwicklung bedeutete das einen hohen Betreuungsaufwand, um zwei Lieferanten anstehende Fragen zu beantworten und Testaufbauten mit Mustern laufen zu lassen. Bei der komplexen Neuentwicklung bewahrheitete es sich, dass diese nicht wirtschaftlich machbar war. Außerdem hätte es eine Abhängigkeit von werkzeuggebundenen Bauteilen des Lieferanten gegeben. Die Entwicklung wurde eingestellt, dieser Projektzweig beendet.

Die preiswerte Lösung hingegen entwickelte sich wider Erwarten durch einen enormen Einsatz des Lieferanten und der eigenen Entwicklung. Beide wollten diese Lösung unbedingt ins Ziel bringen. Die Funktionen gemäß Lastenheftes wurden mehr und mehr erfüllt. Es verblieb das Thema „zu hohe Temperatur" für die Elektronik. Das hat schließlich die eigene Entwicklung gelöst, indem eine neue Elektronik-Schnittstelle getestet wurde, bei der die komplette Elektronik nicht mehr im Bereich der hohen Temperatur untergebracht werden musste.

Ergebnis: Das bestechend einfache Produkt wurde realisiert und es war ein Erfolg. Aufgebaut aus bestehenden Standardkomponenten ohne Abhängigkeit von einer single source. Das zeigt, was machbar ist, wenn man das Know-how der Lieferanten nutzt.

Bei meinem zweiten Beispiel ging es um eine komplexe, kundenspezifische Anlage, die eine Million Euro kosten sollte. Das Geld für diese Investition stand aber nicht zur Verfügung. Ein Kredit- oder ein Leasingvertrag konnte wegen der wirtschaftlichen Lage nicht abgeschlossen werden. Die Anlage musste trotzdem unbedingt angeschafft werden, da sie für ein vertraglich bereits zugesagtes Projekt zwingend erforderlich war. Aufgabe an den Einkauf: Die Anlage trotzdem beschaffen. Hierbei ging es nicht nur um den Preis, sondern um die Lösung der Finanzierung mit „flexiblen Zahlungsmodalitäten“.

Bei der Diskussion mit der Entwicklung und Geschäftsleitung stellte sich heraus, dass es eine ähnliche Anlage von einem Lieferanten bereits in der Firma gab. Allerdings eine viel einfachere Anlage als angedacht und nur mit der halben Ausbringung. Dafür aber auch exakt zum halben Preis. Da die Taktzeit der Anlage zu niedrig war, schien diese Variante auszuscheiden.

Also wurde auch in diesem Fall parallel mit beiden Lieferanten geredet und nach Lösungen gesucht. Der „größere“ Lieferant für die komplexere Anlage, eine AG, war sehr unbeweglich. Das Konzept der Anlage stand fest, technisch „abspecken“ ging nicht oder wollte man nicht. Preislich war gar nichts zu machen und an flexible Zahlungsmodalitäten war überhaupt nicht zu denken. Eine AG hat ein striktes Risikomanagement.

Der Inhaber und Geschäftsführer des „kleineren“ Lieferanten hatte ganz andere Freiheitsgrade und kam kurzfristig in die Firma, um das Thema mit Entwicklung und Einkauf persönlich zu besprechen. An der halben Ausbringung konnte nicht gedreht werden. Für eine schnellere Taktzeit gab es noch während des Besuchs die ersten Ideen.

Der Kaufpreis konnte zwar nicht gesenkt werden, aber es wurde eine pragmatische Lösung für die Bezahlung gefunden: Zu jedem Meilenstein wurde eine Rechnung im Voraus fällig, und es wurde erst weitergebaut, wenn die Zahlung beim Lieferanten eingegangen war.

Parallel bin ich mit dem Vertrieb die Anlaufkurve des Produktes durchgegangen und wollte wissen, wann genau welche Ausbringungsmenge für das Kundenprojekt benötigt wird. Und siehe da, der Serienanlauf war zwei Jahre entfernt. Erst weitere zwei Jahre nach Serienanlauf würde gemäß Forecast die kleine Maschine nicht mehr ausreichen.

Also wurde ein Kaufvertrag für die kleine Maschine abgeschlossen. Bereits mit einer Option, eine zweite Maschine zu kaufen. In diese Maschine sollte die Erfahrung aus der Laufzeit der ersten Maschine einfließen.

Dem Kunden konnten somit pünktlich wie vereinbart Freigabemuster aus der ersten Maschine unter Serienbedingungen zur Verfügung gestellt werden. Der Kunde wurde informiert, dass eine kleinere Maschine angeschafft wurde, die jeweils tatsächlich benötigte Ausbringung und damit die Versorgung aber gesichert ist. Sowie sich abzeichnet, dass die Forecast-Mengen tatsächlich real werden, wird die zweite Maschine mit entsprechendem Vorlauf in Auftrag gegeben. Die Versorgungssicherheit ist bei zwei voneinander unabhängig laufenden Anlagen sogar höher als bei einer großen Anlage.

Gruppeneinkauf: dezentral, zentral oder Netzwerk?

Wenn eine Firma an mehreren Standorten tätig ist, stellt sich die Frage, wie der Einkauf der „Firmengruppe“ über mehrere Standorte organisiert wird.

Viele denken dabei an einen klassischen Zentraleinkauf. Klar, in der Firmenzentrale werden Bedarfe gebündelt und so bekommt man die besten Preise. Wirklich und in allen Fällen? Ich stimme sofort zu, wenn die Entwicklung sich auch zentral in der Firmenzentrale befindet. Wenn die anderen Standorte also reine Produktionsstandorte sind.

Wie sieht es aber aus, wenn verschiedene Werke nicht nur produzieren, sondern „Kompetenz-Zentren“ sind? Also eine eigene Entwicklung und eigene Produkte haben, die jeweils nur in einem Werk der Firmengruppe hergestellt werden. Wenn Werke über eine eigene Entwicklungsabteilung verfügen, machen aus meiner Sicht technische Einkäufer im Projektteam und im Produkt-Entstehungs-Prozess im Werk vor Ort Sinn. Das gilt umso mehr, je mehr einzukaufende Artikel nur in diesem einen Werk benötigt werden.

Wenn es in mehreren Werken jeweils Einkäufer gibt, sind diese zunächst „dezentrale Einkäufer“. Im positiven Sinn, da die Einkäufer vor Ort genau wissen, welche Anforderungen es an Lieferanten, Logistik und einzukaufende Teile in „ihrer“ Produktion gibt.

Dezentral heißt nicht automatisch, dass jeder Werkseinkauf macht, was er will und jeder Werkseinkauf seine „eigene“ Lieferantenbasis aufbaut und betreibt.

Es kann auch einen Mix geben:

- alle ausschließlich lokalen Bedarfe werden dezentral eingekauft;
- alle bündelbaren Bedarfe laufen in irgendeiner Form über eine „zentrale Einkaufsstruktur“.

Damit entwickelt sich eine Matrixorganisation über mehrere Standorte. Zentrale Themen sind:

- übergeordnete Einkaufsrichtlinien, Einkaufsstrategie, Code of Conduct;
- allgemeine Einkaufsbedingungen:
- Liefer- und Logistikvereinbarungen, Einkaufsrahmenverträge als Templates;
- Einkaufsberichterstattung über alle Standorte, Übersicht über alle Projekte;
- Jahreszielvereinbarungen für Einkaufsleiter und Lead Buyer;
- Einkaufswerkzeuge aussuchen und einführen, zum Beispiel:
  - Auswertetools zum spend management;
  - C-Teil Management, ob und welche Dienstleister werden eingesetzt?
  - Ausschreibungsplattformen für Ausschreibungen und Auktionen;
  - Bestelltool(s) für Nicht-Produktions-Material.

Einkaufsnetzwerk mit Lead Buyern

In der Konstellation „mehrere Werke mit jeweils eigener Entwicklungsabteilung“ bin ich seit vielen Jahren von Einkaufsnetzwerken überzeugt. Das gilt erst recht, wenn es mehrere internationale Werke auf mehreren Kontinenten sind.

Ein Einkaufsnetzwerk hat einen zentralen Kern, zum Beispiel ein „Excellence Center“. Dort laufen alle Fäden zusammen und wie beschrieben werden zentrale Richtlinien, Templates und die Form von Lieferantenverträgen und Berichterstattungen definiert und gruppenweit einheitlich vorgegeben. Die Einkaufsziele, die jeweiligen Einkaufsprojekte und die Lieferantenbasis werden mit dem Leiter des Einkaufsnetzwerkes abgestimmt: meist einem Vice President Procurement oder einem CPO (Chief Procurement Officer) mit den entsprechenden Befugnissen für einen Gruppeneinkauf.

Es ist sehr wichtig, dass Aufgaben, Verantwortung und Zuständigkeiten des VP Procurement oder CPO klar abgestimmt und in Prozessen beschrieben sind, damit die Matrixstruktur funktionieren kann und es keine Konflikte mit den Geschäftsführern der Standorte bzw. den Leitern von Business Units gibt. Die einzelnen Standorte handeln eigenverantwortlich im Rahmen der übergeordneten Richtlinien, Vorgaben und Ziele.

Es bietet sich die Ernennung von Lead Buyern, jeweils für bestimmte Materialgebiete, an. Der jeweilige Lead Buyer soll aus meiner Sicht nicht automatisch in der Firmenzentrale sitzen, er kann dezentral in einem der Standorte sein – immer dort, wo der höchste Bedarf der Firmengruppe an diesen Artikeln liegt. In international tätigen Firmen kann es sein, dass bestimmte Artikel „local for local“ als „Handelsware“ gekauft werden müssen, um Akzeptanz für die Artikel auf dem Zielmarkt zu haben.

Dies kann durchaus der lokale Einkauf erledigen, wobei die Zukäufe und die Lieferanten mit dem Excellence Center abzustimmen sind. Nachfolgend ein Beispiel als Grafik dargestellt:

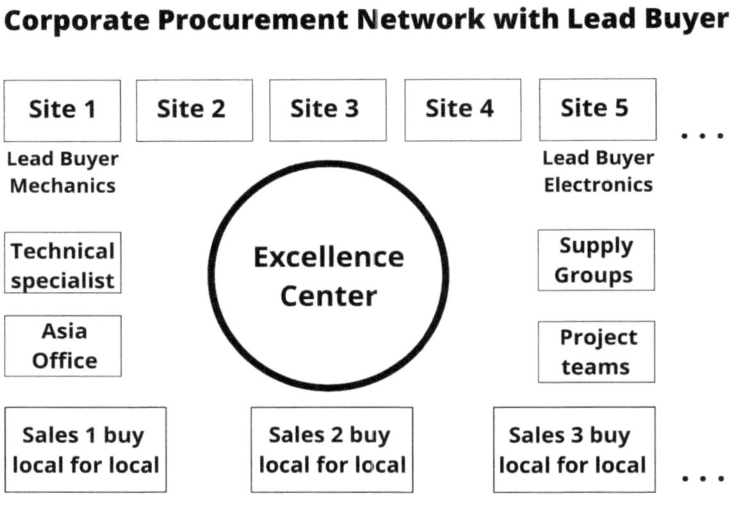

Diese Organisation wertet den jeweiligen Standorteinkauf und seine(n) Lead Buyer auf. Alle Einkäufer der Firmengruppe verstehen sich als ein global vernetztes Team und optimieren jeweils ihren Einkauf und damit gleichzeitig den Gruppeneinkauf. Gute Erfahrung habe ich mit jährlichen „Global Procurement Meetings“ gemacht: Mindestens die Einkaufsleiter aller Standorte und die Lead Buyer nehmen teil. Jedes Jahr wechselt das Treffen zu einem der Standorte. Dort nehmen zusätzlich die lokalen Einkäufer ohne „Lead Buyer Funktion“ teil.

Einschub: Agiler Einkauf und agiles Projektmanagement

Ein Fallbeispiel aus der Praxis

Eine Anlage war mit engem Zeitplan von einem Kunden bestellt worden. Zunächst musste noch entwickelt und projektiert werden, bevor der Einkauf per SAP konkrete Bestellanforderungen mit technischen Zeichnungen, Bestellmengen und Lieferterminen bekam. Aufgrund der Covid-Situation gab es zu dieser Zeit massive Material- und Lieferengpässe bei den Lieferanten, die zu deutlich längeren Lieferzeiten führten. Natürlich passte das terminlich überhaupt nicht zusammen. Die Termine in den Auftragsbestätigungen der Lieferanten waren eine Katastrophe und oft mehrere Wochen von den benötigten Lieferterminen entfernt.

Sehr erfreulich war in diesem Projekt, dass der Projektleitung, dem Projektteam und der Geschäftsführung die schwierige Situation klar war und der Einkauf positiv unterstützt und nicht massiv unter Druck gesetzt wurde. Trotzdem war der Einkauf durch die Einkaufsmarktsituation und die Menge der Terminabweichungen sehr stark gefordert und hat alles darangesetzt, den Liefertermin zu halten.

Die normale Bestell-Abwicklung über SAP zeigt Lieferterminprobleme auf. Dann kann man mittels einer „Fehlteilliste" üblicherweise zum Beispiel 20 Fehlteile „jagen": Termine bei Lieferanten vorziehen oder, wenn nicht möglich, Bestellungen stornieren und neu platzieren. Das ist Tagesgeschäft im Einkauf. Was aber tun bei über 200 Fehlteilen, die einen schlichtweg erschlagen? Dazu wurde eine neue Arbeitsweise entwickelt:

Erster Schritt: Die Daten aus SAP in eine Excel-Tabelle bringen und sortieren. Wir wussten schon vorher, dass wir mit der Summe unserer Aufträge einzelne Lieferanten von ihrer Fertigungskapazität her „überfahren". Jetzt wurde das auf Artikelebene und auf Lieferantenebene sichtbar und greifbar.

Wir haben einen bereits freigegebenen Lieferanten „aus dem Stand hochgefahren". Ein weiterer Lieferant wurde neu eröffnet und ebenfalls sofort hochgefahren. Ein Online-Portal mit einem internationalen Lieferantenpool im Hintergrund wurde stark genutzt. Ein eigenes Werk wurde beauftragt, welches normalerweise ausschließlich für einen Auslandsmarkt lokal produziert hat. So wurden die Fehlteile kurzfristig auf mehr Lieferanten verteilt. Ausschlaggebend für eine Auftragsvergabe war, ob der Lieferant Material und Fertigungskapazität zur Verfügung hatte.

Der Einkauf kann solche Sondermaßnahmen planen, aber nicht allein durchführen. Das Projektteam muss das mittragen und unterstützen. Kurzfristig auf neue oder andere Lieferanten zugreifen ist zum Beispiel ein Thema, das mit dem Qualitätsmanagement abgestimmt sein muss. Erstmuster können nicht „in Ruhe" vor den Serienlieferungen bemustert und freigegeben werden. Die Erstmuster kommen mit der Erstlieferung. Das geht nicht immer problemlos, es kann Abweichungen und notwendige Nacharbeiten geben. Das muss dem Projektteam vorher klar sein.

Das gesamte Projektteam kam nun in einen „agilen Modus", indem Maßnahmen vorgeschlagen, abgestimmt und schnell umgesetzt wurden. Jede Maßnahme war in diesem Sinne ein „Sprint". Aus der Excel-Tabelle mit den 200 Fehlteilen wurde eine Kuchengrafik erzeugt. So war mit einem Blick die Fehlteilsituation zu sehen:

- grün: Auftragsbestätigung mit passendem Liefertermin liegt vor:

- gelb: noch keine Auftragsbestätigung, der Artikel ist aber beim richtigen Lieferanten bestellt. Dieser versucht, den benötigten Termin möglich zu machen, zum Beispiel klärt er gerade die Vormaterialbeschaffung und kann daher noch keine verbindliche Auftragsbestätigung senden;

- rot: der Artikel ist noch nicht platziert oder der Liefertermin ist zu spät, es gibt noch keine tragfähige Lösung.

Wir haben die Kuchengrafik täglich aktualisiert. Der grüne Bereich wurde erfreulich schnell größer. Wenn man erstmal einen Plan mit Struktur und Ziel hat, kommt man auch voran.

Bei den letzten Fehlteilen wurde es allerdings wirklich schwer. Hierbei kamen wir in den Bereich „just in time“-Lieferungen, also Lieferungen direkt an die Fertigungslinie. Es gab eine Feinabstimmung mit der Produktion, wann genau welche Artikel spätestens laut Produktionsplan eintreffen müssen. Mit diesen Informationen konnten wir Aufträge bei unseren Lieferanten priorisieren. Wir haben mittels Prioritätenliste mit der Fertigungskapazität der Lieferanten „jongliert“. Mit dem Qualitätsmanagement war abgestimmt, welche Artikel vor dem Verbauen noch geprüft werden sollen und welche Artikel vom Wareneingang direkt an das Band durften.

Außerdem benötigten wir einige Lösungen und Entscheidungen in Zusammenarbeit mit der Entwicklung:

- Freigabe von Edelstahlteilen anstelle von beschichteten oder verzinkten Teilen;

- Freigabe von unbeschichteten oder nicht verzinkten Teilen, die später an der Anlage ausgetauscht werden konnten;
- Toleranz-Aufweitungen;
- Verwendung von alternativen Werkstoffen und Zukaufartikeln;
- Pragmatische Lösungen, wenn zum Beispiel Spezialstecker nicht schnell genug zu bekommen waren. Dann wurden stattdessen Komponenten in einem Anschlusskasten verdrahtet.

Bei den letzten Fehlteilen kamen außerdem noch technische Änderungen aus der eigenen Entwicklung und Änderungswünsche des Kunden hinzu, die kurzfristig einfließen mussten. Das funktioniert wiederum nur durch tägliche Abstimmung, Aufgabenverteilungen und Sprints. Am Schluss waren das gesamte Projektteam mitsamt der erweiterten Lieferantenbasis ein gut eingespieltes Team.

Lieferantenbasis als strategischer Wettbewerbsvorteil

Eine passende Lieferantenbasis stellt die Qualität, Verfügbarkeit und den Preis der Zukaufteile, Komponenten oder ganzer Anlagen sicher. Ein technischer (und strategischer) Einkauf baut diese Lieferantenbasis gezielt auf und entwickelt diese. Beispielsweise muss die Firmengröße des Lieferanten zum Einkaufsvolumen passen, das dort platziert werden soll.

Ein strategischer Wettbewerbsvorteil kann durch flexible und schnelle Lieferanten, also durch kurze Lieferzeit und Logistikmodelle (Kanban, Abrufkontrakte, Sicherheitsbevorratung) erreicht werden. Ebenso dazu gehören Systempartnerschaften, Verbesserungsvorschläge noch während der Entwicklung und schließlich Entwicklungs- und Konzeptwettbewerbe.

Mit der passenden Lieferantenbasis und dem Vertragswesen dazu sind neue Produkte schneller am Markt. Lieferzeiten von bestehenden Produkten sind kürzer, Mengenerhöhungen bzw. neue Aufträge lassen sich schneller realisieren – das Ganze bei optimierten Preisen.

Ich finde es sehr erstaunlich, dass auch heute noch die Lieferantenbasis in Unternehmen meist kaum ein Thema ist. Aktuell haben wir eine Ausnahme wegen der Abhängigkeit von China und den bekannten Versorgungsengpässen. Es werden wieder mehr europäische Lieferanten genutzt und Komponenten von chinesischen Lieferanten werden oft nach Europa „zurückgeholt". Mir geht es hier viel weitergehend prinzipiell um die strategische Ausrichtung der gesamten Lieferantenbasis. Je nach Wertschöpfungstiefe sind die Lieferanten genauso wie die Organisation und Ausrichtung der eigenen Produktion eine wichtige Komponente des Unternehmenserfolges. Wo schlägt sich das in Ihrer Firma nieder?

Auch bei diesem Thema habe ich die volle Bandbreite des Möglichen erlebt:

Das positivste Beispiel: Die vorher an einem eigenen Standort sitzende Entwicklung wurde am produzierenden Standort integriert. Man wollte die Entwicklung am Produktionsstandort platzieren, um die Arbeit in den Projektteams zu verbessern und um mehr design-to-manufacturing und design-to-cost in einem schwierigen Markt zu verwirklichen. Zur Einweihung der neuen Entwicklungsetage gab es eine Besichtigung und

Feierstunde; die wichtigsten Kunden und Lieferanten waren eingeladen. Sogar die Ministerpräsidentin des Bundeslandes war anwesend.

Sehr negativ finde ich es, wenn die Geschäftsführung die wichtigsten Lieferanten nicht oder so gut wie nicht kennt und auch nicht auf die Idee kommt, diese von Zeit zu Zeit zu besuchen.

Schon länger her: Die Idee eines Geschäftsführers, in China einzukaufen, ohne dass der Einkaufsleiter die Lieferanten in China besucht. Ernsthafte Vorgabe: 50 Prozent Einsparung ohne teure Dienstreisen und ohne Lieferantenentwicklung. Maximal ein Besuch eines Einkäufers beim Vertragsabschluss. Das Ganze bei 100 Prozent sichergestellter Qualität und Liefertreue. Entschuldigung, das ist einfach Unsinn.

Die chinesische Kultur macht das nochmals schwieriger: Nur persönliche Kontakte schaffen echte Verbindlichkeit, Verträge auf Papier sind in China zweitrangig. Verhandlungen und Zusagen bei einem Essen haben Verbindlichkeit. Schwierig wird es, wenn ein Verhandlungspartner eine neue Funktion übernimmt. Dann muss man die erreichten Regelungen persönlich mit dem neuen Geschäftspartner durchsprechen und absichern.

Einkaufs-Ausrichtung und Unternehmensstrategie

Mit diesem Punkt sorge ich immer für Verwunderung. Was soll denn da groß ausgerichtet werden? Was hat der Einkauf mit der Unternehmens-Strategie zu tun? Die sollen einkaufen und fertig!

Gegenfrage: Kann ein strategischer Einkauf eine eigenständige, losgelöste Strategie haben, die nichts mit der Unternehmensstrategie zu tun hat?

Aus meiner Sicht nur begrenzt. Beispielsweise kann der Einkauf selbst entscheiden, welche Lieferanten aktiv liefern und welche passiven Second Sources im Hintergrund vorgehalten werden. Wie sieht es mit dem Thema Wertschöpfungstiefe aus? Make-or-buy-Entscheidungen? Wie werden diese vorbereitet und getroffen? Sucht sich die Produktion aus, was sie fertigen möchte, und gibt alles andere großzügig zu treuen Händen in den Einkauf? Oder gibt es Regeln, wie die eigene Produktion und die Lieferanten im Wettbewerb stehen und wie das Optimum gefunden werden kann? Gibt es prinzipielle Vorgaben der Unternehmensstrategie, welche Komponenten zum Schutz des Know-hows nicht ausgeschrieben oder nicht vergeben werden dürfen? Oder nur an besonders ausgewählte Systempartner?

Weniger schön ist es, wenn einzelne Abteilungen Anforderungen und Konzepte zur „eigenen Optimierung" an den Einkauf stellen. „Sehr gut ausgedacht" fand ich ein Konzept der Produktion namens „atmende Fertigung". Klingt gut und klingt nach Leistung der Fertigung. Gemeint war, dass die eigene Fertigung möglichst konstant und möglichst mit großen Losgrößen und wenig Rüstzeiten effizient durcharbeiten kann. Weniger lukrative Fertigungsaufträge mit höheren Rüstzeiten und kleinen Stückzahlen „darf" dann der Einkauf zukaufen. Aber auch das nur, wenn die Kapazität der Fertigung ausgelastet ist.

Das kann durchaus Sinn machen, wenn es unter dem Strich die beste Möglichkeit für das Unternehmen ist und das Controlling das entsprechend belegen kann. Ach ja, der Name sollte dann aber bitte „atmende Lieferantenbasis" heißen.

Zwei weitere Beispiele:

Abends, 18 Uhr, ich bin in meinem Büro. Ein neuer Fertigungsleiter war gerade durch „seine“ CNC-Fertigung zu seinem Auto gegangen und musste auf dem Weg Licht in der Fertigung anmachen. Ca. 20 teure CNC-Maschinen standen dort.

Der Fertigungsleiter rief mich noch aus dem Auto heraus an und wollte von mir wissen, für wieviel Millionen Euro CNC-Teile eingekauft werden und warum die teuren CNC-Maschinen nur einschichtig betrieben werden. So bezahle man doppelt: die Abschreibung der Maschinen umgelegt auf nur eine Schicht und die Teilepreise der Lieferanten mit deren Maschinenkosten. Da hatte er Recht. Es wurde eine neue Richtlinie für make-or-buy-Entscheidungen entworfen und ein eigener Operations-Controller „installiert“.

Und die andere Erfahrungs-Seite:

Die Fertigung hat sich selbst Komponenten aus neuen Entwicklungsstücklisten ausgesucht und selbst ohne jede Abstimmung entschieden, dass diese eigengefertigt werden. Dann stellte sich heraus, dass Toleranzen nur schwer und kostenintensiv einzuhalten sind und viel zu viel Ausschuss entsteht. Das gefährdete die Kennzahlen der Produktion. Die Komponenten wurden „über Nacht“ von der Fertigung ohne jede Abstimmung auf Fremdbeschaffung umgestellt und das Problem war für die Fertigung gelöst.

Wie soll man mit Kollegen, die so etwas fertigbringen, in Zukunft vertrauensvoll in Projektteams zusammenarbeiten? In solchen Fällen bauen sich Fronten auf, die durch Regelungen für make-or-buy-Entscheidungen leicht vermieden werden können.

Zur Zusammenarbeit mit der Entwicklung: Sollen in ausgewählten Projekten gezielte Entwicklungswettbewerbe stattfinden? Gehen Know-how und Ideen der Lieferanten in den Produktentstehungsprozess ein?

Bei einer Unternehmensstrategie denken viele zuerst an den Vertrieb. Wenn man aber zum Beispiel einen strategischen Wettbewerbsvorteil durch kürzere Lieferzeiten als der Wettbewerb erreichen möchte, dann muss das Vertragswesen im Einkauf dazu passen. Einkaufsrahmenverträge, Sicherheitsbevorratungen bei Lieferanten und eigene Sicherheitslager bzw. Bestände müssen an der Unternehmensstrategie ausgerichtet werden. Dann können Logistik und Einkauf mit den Lieferanten an einem Optimum arbeiten.

Hierzu habe ich ein unglaubliches Beispiel erlebt, bei dem Einkauf und Logistik organisatorisch in zwei getrennten „Bereichen" zu Hause waren. Die Logistik hat es trotz zunehmenden Materialengpässen und schwierigem Einkaufsmarkt geschafft, einen „historischen Tiefststand beim Bestandswert" zu erreichen.

Bestellungen wurden einfach kurzfristiger mit kleineren Losgrößen disponiert und ausgelöst und Sicherheitsbestände in SAP wurden zusätzlich ohne Abstimmung mit dem Einkauf gesenkt. Eine fantastische Leistung! Eine Kennzahl des eigenen Bereichs auf Kosten von weiteren Kennzahlen anderer Bereiche zu verbessern ist für mich eine Verschlimmbesserung. Sie können sich sicher vorstellen, welchen Druck es im Einkauf und bei den Lieferanten gab, und wie die Stimmung zwischen den Bereichen war.

Anforderungen an technische Einkäufer

Da der technische Einkäufer kein Ausbildungsberuf oder auswählbarer Studienschwerpunkt ist, findet man die unterschiedlichsten Menschen mit den unterschiedlichsten Ausbildungen und Erfahrungs-Hintergründen im technischen Einkauf. Und das ist gut so, weil sich diese im Team ergänzen.

- Natürlich kommen viele technische Einkäufer aus dem technischen Bereich. Dann müssen diese zwingend Interesse an Betriebswirtschaft und ein kaufmännisches Verständnis besitzen.

- Genauso oft kommen Kaufleute in den technischen Einkauf, die dazu zwingend ein Interesse an Technik und ein gutes technisches Verständnis aufweisen müssen.

In der Praxis kenne ich es nur so, dass Neue sehr kollegial unterstützt werden und sich schnell hereinfinden. Von der Persönlichkeit her passen vielseitig interessierte und offene Menschen. Dies vor allem, wenn international eingekauft wird und das Thema „andere Kulturen und andere Wirtschaftsräume“ hinzukommt. Wichtig sind ein verbindliches Auftreten und ein gewisses Organisationstalent. Ohne Englisch geht nichts. In den meisten Firmen reicht aber ein „einfaches“ Englisch. In größeren Konzernen und in Führungspositionen steigen die Ansprüche. Das „bereichsübergreifende“ Arbeiten habe ich öfter thematisiert. Das muss einem technischen Einkäufer Spaß machen und der „natürliche Arbeitsstil“ sein. Das lässt sich nicht verordnen oder per Lehrgang schulen.

Wenn man es bis hierhin geschafft hat, fehlt noch eine hohe Stressfestigkeit für fast aussichtslose Fehlteilsituationen und eine hohe Frustrationstoleranz. Heute beschreibt man das mit

Resilienz. Ein technischer Einkäufer muss sich immer wieder selbst motivieren können: Nach jedem Rückschlag aufstehen, schütteln und neue Lösungsansätze suchen. Natürlich können alle Geschlechter diese Kriterien erfüllen. Ein Mix in den Einkaufsabteilungen hilft auch hier sehr, um den Einkauf vielseitiger zu machen. Und was bietet der technische Einkauf dafür? Aus meiner Sicht einen sehr interessanten und vielseitigen Beruf mit unendlich vielen Möglichkeiten. Ich wollte ursprünglich für ca. zwei Jahre in den technischen Einkauf gehen, als „Zusatzqualifikation“. Es wurden zunächst fünf Jahre mit einer ersten internationalen Komponente, Einkauf in China ab 1996. Da gab es übrigens auf chinesischen Flughäfen noch keine Ansagen auf Englisch und ausschließlich chinesische Schriftzeichen. Man war also (chinesischer) Analphabet. Taxifahrer konnten kein Englisch. Man hat sich bei der Reisevorbereitung Visitenkarten von Firmen und Hotels besorgt, das funktionierte einwandfrei. Es folgten mehrere Führungsfunktionen, seit 2016 bin ich Interim Manager mit Schwerpunkt technischer Einkauf.

Man hat es meist mit vielen Materialgebieten und damit auch mit vielen, verschiedenen Lieferanten und Menschen zu tun. Nicht zu vergessen ist auch die innerbetriebliche „Drehscheibenfunktion“ mit einer bereichsübergreifenden Zusammenarbeit in den Projektteams. Es gibt immer wieder neue Herausforderungen, an und mit denen man wachsen und Erfahrungen sammeln kann. Die Mitarbeit in Einkaufsnetzwerken (und später deren Gestaltung) macht mir dabei immer wieder besonders viel Spaß.

Fazit, Benchmark technischer Einkauf

Sie machen sich Gedanken über die Leistungsfähigkeit und Ausrichtung des technischen Einkaufs und überlegen, ob und wo es Verbesserungsmöglichkeiten gibt? Oder wie der technische Einkauf bei wachsendem Geschäft und mehreren (neuen) Standorten zukunftssicher organisiert werden kann?

Bitte betrachten Sie den technischen Einkauf dabei nicht als eigenständige, in sich geschlossene Organisation, die sich ausschließlich mit Einkaufskennzahlen und losgelöst von anderen Bereichen optimieren und ausrichten lässt. Das funktioniert nicht, weil ein technischer Einkauf eine stark „vernetzte" Drehscheibe im Unternehmen ist bzw. unbedingt sein sollte:

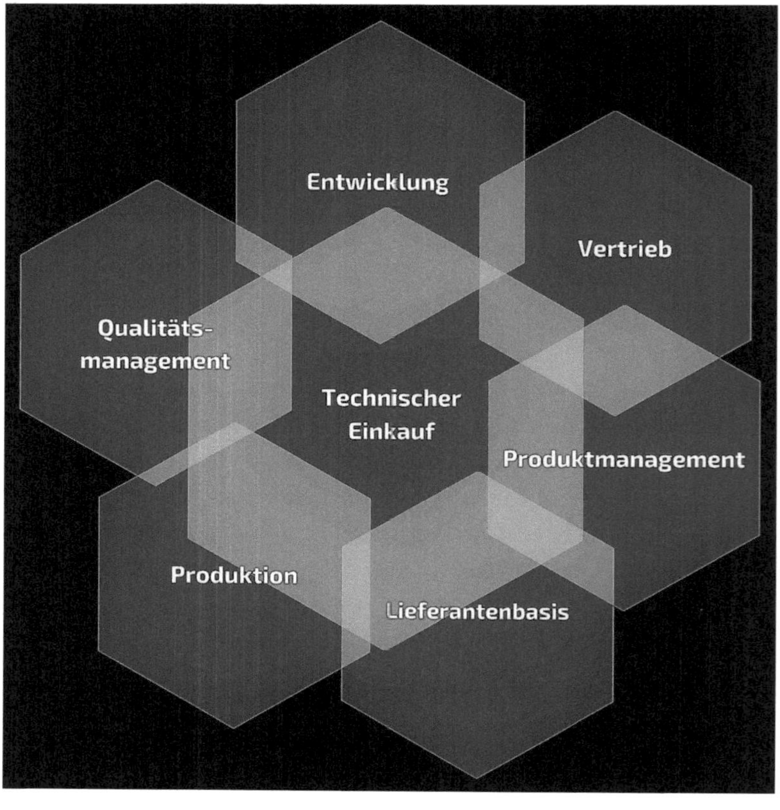

Die aus meiner Sicht wichtigsten Fragen zur Funktion und Organisation eines technischen Einkaufs lauten:

- Gibt es eine echte, bereichsübergreifende Projektteamarbeit auf Augenhöhe?
- Wie wird die Meilensteinplanung der einzelnen Projekte abgestimmt und verabschiedet?
- Wie werden die Summe der Kundenaufträge und damit die Summe der Meilensteinplanungen abgestimmt, eingelastet und zeitlich entzerrt?
- Gibt es eine neutrale Projektberichterstattung der Projektleiter und an wen berichtet das Projektmanagement Office (PMO)?
- Was sind die „echten, tieferen" Ursachen für wiederkehrende Probleme?
- Ist der Einkauf selbst das Problem oder bekommt der Einkauf Probleme, weil viele Zeitverzögerungen und Sachzwänge im Projekt- oder Entwicklungsverlauf am Ende der Kette im Einkauf und allgemein in Operations aufschlagen?
- Passt die Organisation und Ausstattung des Einkaufs (zum Beispiel zentral, dezentral, Einkaufs-Netzwerk, personelle Stärke, strategischer Einkauf, operativer Einkauf, Budget, Einkaufstools) in Ihr Unternehmen und kann der Einkauf damit die anstehenden Herausforderungen lösen?

- Gibt es Regeln für make-or-buy-Entscheidungen und auf welcher Grundlage wird die Wertschöpfungstiefe prinzipiell und im Einzelfall festgelegt?
- Gibt es eine definierte und passende Einkaufsstrategie und ist diese in die Unternehmensstrategie eingebunden?
- Passen die gesetzten Ziele und Kennzahlen zur Verfügbarkeit, Bestände und Preisentwicklung zusammen?
- Welche Qualität hat der Forecast, der dem Einkauf auf Materialnummernebene zur Verfügung steht?
- Ist die Lieferantenbasis strategisch ausgerichtet und beinhaltet sie ein Risikomanagement? Ist die Lieferantenbasis so flexibel, wie es die Qualität und „Sprunghaftigkeit" des Forecasts erfordert?
- Gibt es ein passendes, möglichst „schlankes" Vertragswesen in Form von Liefer- und Qualitätssicherungsvereinbarungen als Individualverträge? Hier werden auch Sicherheitslager, Abrufmengen und Auffüllzeiten (also die maximale Abruffrequenz) bei Lieferanten definiert.

Bei diesen Fragen und Betrachtungen kann Sie ein Interim Manager und Berater mit langjähriger Einkaufs- und Führungserfahrung sehr gut unterstützen: als Impulsgeber und Diskussionspartner, mit der Ausarbeitung eines Benchmarks als Standortbestimmung oder in einem Change-Projekt.

Literaturverzeichnis zu diesem Beitrag:

Christian Ritzer: Als Projektleiter von kritischen Projekten lernen – Interim Manager berichten aus der Praxis, Band Automotive, Diplomatic Council Publishing, 2021

Lang, Michael und Nowotny, Valentin: Der Weg zum agilen Unternehmen-Wissen für Entscheider. Hanser Verlag, 2018

Marko Lasnia, Nowotny, Valentin: Agile Evolution: Eine Anleitung zur agilen Transformation. Business Village Verlag, 2018

Christiane Brandes-Visbeck und Ines Gensinger: Netzwerk schlägt Hierarchie: Neue Führung mit Digital Leadership, Redline Verlag, 2017

Manfred Richter, Technischer Einkauf interim: Um was geht es dabei, Fachartikel im United Interim Blog, 2021 https://www.unitedinterim.com/blogs/technischer-einkauf-interim-um-was-geht-es-dabei-2.html

Die Herausgeber

Die Herausgeber Jürgen Becker und Dr. Harald Schönfeld gelten als langjährige Insider und gut vernetzte Szene-Kenner im Markt für Interim Management der DACH-Region (Deutschland, Österreich, Schweiz). Beide verfügen über jeweils rund 20 Jahre Erfahrung im Interim-Geschäft. Beide waren mehrere Jahre Vorstandsmitglieder des AIMP (Arbeitskreis Interim Management Provider (https://www.aimp.de/), sind Buchautoren, Moderatoren und gesuchte Redner bei Fachtagungen und Schulungen zum Thema Interim Management. Jürgen Becker war zudem Co-Autor der jährlichen renommierten AIMP-Providerstudie (Von den Anfängen 2005 bis zum Jahr 2017). https://www.aimp.de/aimp-umfragen/aktuelle-aimp-umfragen

Sie sind die Gründer (2017) und Geschäftsführer der Unitd Interim GmbH (https://www.unitedinterim.com/), der führenden Online-Plattform für Interim Management in der DACH-Region.

United Interim ist der einzige Anbieter im Interim-Business mit Services für Unternehmen, Interim Manager, Interim-Provider sowie ausgewählte Drittanbieter, die Leistungen für Interim Manager anbieten. Als Business-Ökosystem hebt diese digitale „4-sided-platform“ in offener und nicht proprietärer Weise bislang ungenutzte Synergien im Markt.

Autorenverzeichnis

Dr. Harald Schönfeld

Jürgen Becker

Manfred Richter

Dr. Harald Schönfeld

Dr. Harald Schönfeld, Diplom-Volkswirt, Universität Trier. Post-Graduate Zusatzstudium „Innovationsmanagement“, Technische Universität Berlin. Promotion in Wirtschafts- und Sozialwissenschaften (Dr.rer.soc. oec.), Wirtschaftsuniversität Wien.

Nach dem Studium Karriere als angestellter Manager: Positionen im Marketing und Vertrieb, vor allem in großen, international tätigen Konzernen, insbesondere im Health Care-Bereich.

Seit 2003 im Interim Management-Business tätig. Co-Gründer und Co-Geschäftsführer der United Interim GmbH (www. unitedinterim.com), dem ersten digitalen Branchen-Ökosystem. Zudem führt er als Gründer und Geschäftsführender Gesellschafter die butterflymanager GmbH (www. butterflymanager.com), einen klassischen Provider mit nationalen und internationalen Interim Management-Projekten: Besetzung von C-Level Positionen, erste und zweite Führungsebene und Projektleitungen. Parallel hat er sich acht Jahre in der Branche als Stellvertretender Vorsitzender der Branchenvereinigung AIMP (Arbeitskreis Interim Management Provider) in Deutschland, der Schweiz und Österreich engagiert.

Dr. Harald Schönfeld hält Vorträge, unter anderem als Keynote-Speaker, leitet Fachkonferenzen und ist Autor und Herausgeber mehrerer Fachbücher im Bereich Interim Management, unter anderem des Standardwerkes „Karriere-Handbuch für Interim Manager“ (zusammen mit Prof. Dr. Günther Singer und Jürgen Becker).

Ebenfalls ist er Herausgeber (zusammen mit Jürgen Becker) der Fachbuchreihe „Von Interim Managern lernen“. Er ist aktives Mitglied und Autor im globalen Think Tank Diplomatic Coucil (DC) mit Beraterstatus bei den Vereinten Nationen (UNO). Seit 2022 ist er Dozent für Interim Management an der Steinbeis Augsburg Business School.

Jürgen Becker

Co-Gründer und Co-Geschäftsführer der United Interim GmbH.

Zudem ist er Eigentümer des Interim Management Providers Manatnet (www.manatnet.com) – mit dem Schwerpunkt bei Digitalisierungsthemen mittelständischer Unternehmen.

Davor Erfahrungen als internationaler Banker in Berlin, Frankfurt und London sowie als Internet-Spezialist seit 1995 bei Burda Medien sowie debis Systemhaus und Accenture.

Manfred Richter

Interim Manager Manfred Richter war zu Beginn seiner Karriere drei Jahre Entwicklungsingenieur und danach zwei Jahre Projektleiter für dezentrale Maschinenperipherie bei Siemens Automation & Drives, Werkzeugmaschinenantriebe und -steuerungen.

Eine gezielte Querversetzung zur Vernetzung der Bereiche Entwicklung und Einkauf führte ihn in den technischen Einkauf.

Zunächst als „kaufmännische Zusatzqualifikation" gedacht, realisierte er schnell, welche Entwicklungsmöglichkeiten ihm dort offenstanden. Vor allem: welches enorme Potenzial in einer guten, bereichsübergreifenden Zusammenarbeit liegt. Der nächste Meilenstein war, dass Manfred Richter ab 1996 in China Lieferanten qualifizierte und ein Joint Venture in Nanjing einkaufsseitig betreute.

Es folgten mehrere Führungsfunktionen in weiteren namhaften Unternehmen und mehrere Branchen. Für die Otto Bock HealthCare hat Manfred Richter ein „Corporate Procurement Network" für sechs internationale Standorte aufgebaut und zehn Jahre geführt.

Seit 2016 ist Manfred Richter als Interim Manager und Consultant mit dem Schwerpunkt technischer Einkauf tätig: sieben abgeschlossene Projekte, mehrere Branchen, unterschiedlich große Firmen mit sehr unterschiedlichen Firmenkulturen. Dabei deckt er eine große Bandbreite ab:

- hands-on Einkaufsleiter, wobei auch an Einkaufsprozessen und an der -organisation gearbeitet wird;
- Benchmark- und Beratungsprojekte zu Einkaufsprozessen und zur Einkaufsorganisation, einschließlich der Schnittstellen und der Gestaltung der Zusammenarbeit mit allen Bereichen:
- Optimierung der Wertschöpfungstiefe, make-or-buy-Betrachtungen „ohne Abteilungsinteressen";
- trouble-shooting Projekte zum Halten von stark gefährdeten Lieferterminen oder Serienanläufen, Optimieren der Lieferantenbasis einschließlich Risk Management .

Kontakt:

Interim Management Manfred Richter
Akazienallee 3
34225 Baunatal

Email: Manfred.Richter.Interim@outlook.de
Mobil: +49 (0)171 57 88 217
Web: https://richter-interim-einkaufsmanagement.de

Bücher im DC Verlag

Denken 4.0 – Welt im Umbruch. Was die klügsten Köpfe eines globalen Think Tank über unsere Zukunft denken. Buddhi K. Athauda, Thi Thai Hang Nguyen, Andreas M. Dripke, 332 Seiten, Hardcover, ISBN: 978-3-947818-00-6

Mein Atomknopf ist größer – America vs. North Korea**,** Jamal Qaiser, 184 Seiten, Paperback, ISBN: 978-3-947818-01-3

Stasi 2.0 – Wie wir durch den staatlich-industriellen Digitalkomplex zu gläsernen Bürgern werden und was das für unsere Zukunft bedeutet, Andreas Dripke, Markus Miksch, 444 Seiten, Paperback, ISBN: 978-3-947818-05-1

Rechtsruck – Wie das Wiedererstarken des Nationalismus Deutschland in die Katastrophe führt, Anonyme Autoren, 660 Seiten, Paperback, ISBN: 978-3-947818-06-8

Pandemie – Die Welt im Corona-Krieg, Andreas Dripke, Markus Miksch, 148 Seiten, Paperback, ISBN: 978-3-947818-13-6

Covid-19 Falsche Pandemie – Die fatalen Fehler der WHO und ihre verhängnisvollen Folgen, Jamal Qaiser, Markus Miksch, 234 Seiten, Paperback, ISBN: 978-3-947818-15-0

75 Jahre UNO – Macht und Ohnmacht der Vereinten Nationen, Andreas Dripke, Hang Nguyen, 336 Seiten, Paperback, ISBN: 978-3-947818-07-5

Die Dekade 2020-2030 – Das kommt auf uns zu!, Andreas Dripke, Hang Nguyen, 360 Seiten, Paperback, ISBN: 978-3-947818-17-4

Corona und Impfen, Andreas Dripke et al., 188 Seiten, Paperback, ISBN 978-3-947818-18-1

Hacker – Angriff auf unsere Computer-Zivilisation, Anonyme Autoren, 432 Seiten, ISBN 978-3-947818-23-5

Migration nach Europa – Wir schaffen das und die Folgen, Anonyme Autoren, 510 Seiten, Paperback, ISBN 978-3-947818-32-7

Auto – Vom Diesel-Desaster bis zum selbstfahrenden E-Auto, Autorengemeinschaft Diplomatic Council, 572 Seiten, Paperback, ISBN 978-3-947818-09-9

Digitale Disruption – Alles wird anders, Andreas Dripke et al., 216 Seiten, Paperback, ISBN 978-3-947818-34-1

Interim Manager berichten aus der Praxis: Automotive, Reihe „Von Interim Managern lernen", Jürgen Becker, Ulf Camehn, Ludek Cermak, Hanno Goffin, Ralf-Peter Hanrieder, Dr. Dr. Stefan Hohberger, Andreas Kälber, Dr. Gerhard Müller-Spanka, Frank P. Neuhaus, Christine Pfisterer, Christian Ritzer, Dr. Harald Schönfeld, Jane Enny van Lambalgen, 400 Seiten, Paperback, ISBN 978-3-947818-29-7

Alles über Künstliche Intelligenz – Woher sie kommt, wie sie denkt, wohin sie führt, Dr. Horst Walther, Andreas Dripke, 212 Seiten, Paperback, ISBN 978-3-947818-25-9

Die biometrische Vermessung der Menschheit, Andreas Dripke et al., 212 Seiten, Paperback, ISBN 978-3-947818-39-6

Inside WHO – Dr. Tedros und die Weltgesundheitsorganisation, Andreas Dripke et al., 124 Seiten, Paperback, ISBN 978-3-947818-27-3

Welt ohne Bargeld – Bitcoin und andere Kryptowährungen, Andreas Dripke, Stephanie Stoerk, 178 Seiten, Paperback, ISBN 978-3-947818-41-9

Apple Car – Wie der iKonzern das Auto neu erfindet, Andreas Dripke et al., 296 Seiten, Paperback, ISBN 978-3-94-7818-43-3

Europa am Scheideweg – Was Europa tun muss, um seine Zukunft zu retten, Andreas Dripke, Hang Nguyen, Dr. Horst Walther, Paperback, ISBN 978-3-947818-65-5

Hilfe, wir werden gechippt! – Vom Mikrochip unter der Haut bis zum Hirnschrittmacher, Andreas Dripke et al., 176 Seiten, Paperback, ISBN 978-3-947818-55 -6

Denken 5.0 – Was die klügsten Köpfe eines globalen Think Tank über unsere Zukunft denken; Andreas Dripke, Claude Piel, Detlef Schmuck, Dr. Harald Schönfeld, Helmut von Siedmogrodzki, Stephanie Stoerk, Dr. Horst Walther;
292 Seiten, Paperback, ISBN 978-3-94-7818-36-5

Cyber War – Die digitale Bedrohung, Marc Ruberg et al., 244 Seiten, Paperback, ISBN 978-3-947818-45-7

Digitale Identität, Andreas Dripke et al., 164 Seiten, Paperback, ISBN 978-3-947818-53-2

2045 – Das Jahr, in dem die Künstliche Intelligenz schlauer wird als der Mensch, Dr. Horst Walther, Andreas Dripke, 106 Seiten, Paperback, ISBN 978-3-947818-57-0

Ewige Pandemie – Freiheit ade, Andreas Dripke, Markus Miksch, 208 Seiten, Paperback, ISBN 978-3-947818-59-4

Apple Agenda – Welche Märkte der iKonzern künftig revolutionieren wird, Andreas Dripke et al., 260 Seiten, Paperback, ISBN 978-3-947818-47-1

Der digitale Euro – Computergeld statt Bares, Andreas Dripke, Stephanie Stoerk, 232 Seiten, Paperback, ISBN 978-3-947818-53-2

China : USA – Der Wettkampf um die Weltspitze, Dr. Horst Walther et al., ca. 216 Seiten, Paperback, ISBN 978-3-947818-63-1

Auto ohne Lenkrad – Das selbstfahrende Auto steht vor der Tür, Patrick Dripke, Thomas Gronenthal, 140 Seiten, Paperback, ISBN 978-3-947818-79-2

Roboter im Alltag – Maschinen (beinahe) wie Menschen, Andreas Dripke, 176 Seiten, Paperback, ISBN 978-3-947818-71-6

Irrfahrt E-Auto – Abgesang auf die deutsche Autoindustrie, Thomas Gronenthal et al., 212 Seiten, Paperback, ISBN 978-3-947818-81-5

Was nach dem Smartphone kommt – Eine Reise in unsere digitale Zukunft, Andreas Dripke et al., 152 Seiten, Paperback, ISBN 978-3-947818-69-3

Das Diesel-Desaster – Die Geschichte des größten deutschen Industrieskandals, Thomas Gronenthal et al., 340 Seiten, Paperback, ISBN 978-3-947818-83-9

Der Dritte Weltkrieg – Das Undenkbare denken, Hang Nguyen, Jamal Qaiser, 268 Seiten, Paperback, ISBN 978-3-947818-67-9

Metaverse – Was es ist, wie es funktioniert, wann es kommt, Andreas Dripke, Marc Ruberg, Detlef Schmuck, 256 Seiten, Paperback, ISBN 978-3-947818-87-7

Klimakatastrophe – Wahn oder Wirklichkeit, Hang Nguyen et al., 184 Seiten, Paperback, ISBN 978-3-947818-49-5

Die Rückkehr der Kernkraft – Warum Atomenergie unsere Zukunft darstellt, Andreas Dripke, Hang Nguyen, Marc Ruberg, 204 Seiten, Paperback, ISBN 978-3-947818-95-2

Alles über Krypto – NFT, Blockchain, Bitcoin & Co, Andreas Dripke, Stephanie Stoerk, 160 Seiten, Paperback, ISBN 978-3-98674-007-8

Computer wie Götter – Die Rechenknechte übernehmen die Herrschaft, Andreas Dripke, Hang Nguyen, 148 Seiten, Paperback, ISBN 978-3-98674-005-4

Das Versagen des Westens in Afghanistan, Syrien und der Ukraine, Hang Nguyen, Jamal Qaiser, 148 Seiten, Paperback, ISBN 978-3-947818-97-6

Interim Manager berichten aus der Praxis: Maschinen- und Anlagenbau, Reihe „Von Interim Managern lernen“, Jürgen Becker, Eckhart Hilgenstock, Falk Janotta, Peter Lüthi, Hans Rolf Niehues, Manfred Richter, Dr. Harald Schönfeld, Dr. Uwe Seidel, Götz Stapelfeldt, Michael Weimar, 312 Seiten, Paperback, ISBN 978-3-947818-75-4

Wenn sich China und Russland verbünden... Andreas Dripke, Hang Nguyen, Jamal Qaiser, 260 Seiten, Paperback, ISBN 978-3-98674-016-0

Interim Manager berichten aus der Praxis: Business Transformation, Reihe „Von Interim Managern lernen“, Hrsg: Jürgen Becker, Dr. Harald Schönfeld, ca. 320 Seiten, Paperback, ISBN 978-3-98674-009-2

Über Diplomatic Council

Das vorliegende Werk ist im Verlag des Diplomatic Council (DC) erschienen: DC Publishing.

Das Diplomatic Council verknüpft einen globalen Think Tank, ein weltweites Business Network und eine Charity Foundation in einer einzigartigen Organisation mit Beraterstatus bei den Vereinten Nationen.

Unsere Mitglieder vertreten die feste Überzeugung, dass Wirtschaftsdiplomatie ein tragendes Fundament für die internationale Völkerverständigung und den friedlichen Umgang der Nationen darstellt. Aus dieser Erkenntnis heraus überträgt das Diplomatic Council das Ziel der globalen Völkerverständigung in ein ökonomisches Mandat. Die Methodik eines weltweiten Wirtschaftsnetzwerkes wird hierzu mit der diplomatischen Kommunikationsebene der Staaten dieser Erde untereinander verknüpft. Vor diesem Hintergrund sind im Diplomatic Council Persönlichkeiten aus Diplomatie, Wirtschaft und Gesellschaft engagiert, die mit Augenmaß ausgewählt werden und die sich durch eine hohe Akzeptanz, eine hohe Kompetenz und ein mit den Grundpfeilern des Diplomatic Council übereinstimmendes Wertesystem auszeichnen. Ebenso sind Unternehmen willkommen, für die Corporate Social Responsibility weit mehr als ein Schlagwort ist.

Weitere Informationen: www.diplomatic-council.org/application

Über United Interim

United Interim (UI) ist das erste digitale Ökosystem im professionellen Interim Management der DACH-Region (Deutschland, Österreich, Schweiz). Für das Diplomatic Council ist United Interim daher der ideale Partner für die Fachbuchreihe „Von Interim Managern lernen".

United Interim bringt alle am Interim-Business beteiligten Parteien auf einer Online-Plattform zusammen: jederzeit, offen, direkt und provisionsfrei. Unternehmen, die einen Interim Manager bzw. eine Interim Managerin suchen, können kostenfrei qualitätsgesicherte Kandidaten über die Plattform finden, kontaktieren – und direkt mit ihnen Projektverträge abschließen. Kein Vermittler steht dazwischen.

Für Interim Manager ist die Nutzung von United Interim der Goldstandard in der digitalen Selbstvermarktung. Die offene Plattform bringt ihnen Sichtbarkeit und Relevanz – präzise bei den Zielgruppen. Ihre Dienstleistung können sie auf professionelle Weise jederzeit anbieten und ihren CV, ihr Video, Ergebnisse eines Diagnostic Tools zur Persönlichkeit, Case-Studies und Kundenreferenzen sowie Fachbeiträge über ein Blog zur Verfügung stellen. Für die Nutzung der Infrastruktur von United Interim zahlen die Interim Manager eine monatliche Flatrate.

Provider und Vermittler sowie Kapitalbeteiligungsgesellschaften und Unternehmensberater können ebenfalls – als Nachfrager nach Interim Managern – kostenlos auf die Interim Manager und Managerinnen direkt zugreifen und im eigenen

Projektgeschäft einsetzen. Das bringt den Interim Managern, die sich auf United Interim präsentieren, zusätzlich weitere Projektanfragen.

Auf der Website von United Interim finden sich ebenfalls Partnerunternehmen, die geprüfte Dienstleistungen und Produkte rund um Interim Management zu günstigen Konditionen anbieten (z.B. Berater für Positionierung und Unterlagen, Weiterbildung, berufsspezifische Versicherungs- und Finanzthemen oder Mobilität).

United Interim geht auf konkrete Anregungen von Kunden und Interim Managern zurück: Immer wieder wurden die Gründer Dr. Harald Schönfeld und Jürgen Becker, die als Herausgeber der vorliegenden Fachbuchreihe fungieren, gefragt, ob es denn nicht möglich sei, einfach selbst in Interim Manager-Datenbanken zu suchen und dort Projekte auszuschreiben. „*Wie bei unseren Festanstellungen wissen wir doch auch bei Projektaufgaben ganz genau, welche Fähigkeiten wir suchen! Wir wissen nur nicht, wo!*“, lauteten die Aussagen der Unternehmen. United Interim ist als Antwort auf diese Anforderungen entstanden.

UNITEDINTERIM GmbH
Kohlrainstrasse 10, CH-8700 Küsnacht / ZH, Schweiz
E-Mail: info@unitedinterim.com, Web: www.unitedinterim.com

Quellenangaben und Anmerkungen

[1] https://wirtschaftslexikon.gabler.de/definition/interim-management-52714/version-275829

[2] https://www.aimp.de/aimp-umfragen/aktuelle-aimp-umfragen

[3] https://www.ddim.de/interim-management/fuer-unternehmen/branchenprofil/

[4] Zum Thema „Karriere als Interim Manager“ vgl. Becker/Schönfeld/Singer (2020).

[5] https://www.ddim.de/interim-management/fuer-unternehmen/kundenvorteile/